세상에
나쁜개는 없다 2

세상에 나쁜 개는 없다 2

EBS 〈세상에 나쁜 개는 없다〉 제작진 지음 **설채현** 감수

아작

기대와 우려가 뒤섞이며 시작한 〈세상에 나쁜 개는 없다〉와 벌써 3년이 넘는 시간을 함께 하고 있습니다. 1년에 1주 정도를 제외하고 매주 촬영을 하면서 느끼는 긴장감은 하지만 아직도 사라지지 않고 있습니다.

매주 어떤 아이를 만나게 될까? 내가 마음을 어루만져주고 도움이 될 수 있을까? 고민하고 또 고민하는 시간의 연속이었습니다.

지금까지 어림잡아 170번이 넘는 솔루션을 진행하며 많은 분들께 도움을 드리기도 했지만 이는 제게도 많이 배우는 시간이었습니다.

사실 저는 〈세상에 나쁜 개는 없다〉를 통해 더 좋은 사람이 되고 있는 것 같습니다. 동물을 사랑해서 수의사라는 직업을 선택했지만 〈세상에 나쁜 개는 없다〉로 많은 깨달음을 얻었습니다. 정말 많은 보호자분들, 그리고 사람과 동물의 행복한 공존을 위해 힘쓰시는 분들을 만나면서 지금보다 더 좋은 사람이 되겠다고 다짐하고 있습니다.

이렇게 〈세상에 나쁜 개는 없다〉는 저 설채현이라는 사람의 인생을 바꾼 프로그램입니다. 더 좋은 사람이 되어 더 열심히 공부하는 수의사가 되겠다는 초심을 잃지 않고 이어지게 하는, 저의 가장 소중한 선생님과 같습니다.

거기다 더불어 저의 동생 세상이까지 이 프로그램을 통해 만나게 되었습니다.

처음 세상이를 만났을때 과연 이 친구가 사람에게 마음의 문을 열까 걱정도 많았습니다. 하지만 지금 세상이는 저희 가족뿐만 아니라 다른 사람들에게도 친근감을 표시할 줄 알고, 문제행동이 있는 다른 친구들의 교육에도 도움을 주고 있습니다. 제게 없어서는 안될 가족입니다.

세상에는 참 많은 강아지가 있습니다. 그중에는 행복한 반려견도 있고, 보호자는 행복하지만 정작 자신은 행복하지 못한 애완견도 있으며, 그 누구의 관심도 받지 못하는 버려진 개들도 있습니다.

저는 〈세상에 나쁜 개는 없다〉를 통해 보호자는 행복하지만 정작 자신은 행복하지 못한 애완견, 그리고 우리의 손길이 필요한 버려진 개들도 모두 행복한 반려견이 되길 바랍니다.

세상이가 그랬던 것처럼.

동물행동학 전문서에서 반려동물 문제행동의 이유로 가장 많이 꼽는 첫번째는 바로 '개에게는 정상행동인 것을 사람이 문제행동으로 인식한다'입니다. 우리 가족에 대해서 조금 더 이해하고 타협하며 행복한 생활을 함께 하는 데 이 책이 조금이라도 도움이 되길 바랍니다.

— 설채현, 반려동물 행동전문가, 수의사

🐾 금사빠 파이의 **위험한 사랑**

🐾 겁쟁이 철수 **마음의 문을 열어라**

🐾 세상에 뚱뚱한 개는 없다!
다이어트 독

파괴왕 후추의
은밀한 파티

사랑은
스릴, 쇼크, 서스펜스?

개는 천국으로 가는 연결고리다.

— 밀란 쿤데라 🐾

조용하고 고요한 이 아파트. 제보된 소식에 따르자면 이곳에서는 언제나 은밀한 난장판이 벌어진다고 했는데요. 바깥에서는 그런 기색이 전혀 보이지가 않았습니다. 그러나 귀가하는 길에 세나개 제작진을 마중 나온 유니나 보호자는 이렇게 말했습니다.

"지금 후추 현장을 잡아야 해요. 빨리 들어가봐요."

"현장요?"

"네, 사고 현장을 목격해야 해요."

영문을 모를 이야기에, 세나개 제작진은 유나나 보호자를 따라 서둘러서 따라가봤는데요. 보호자는 집 안에 들어가는 그 순간 깊은 한숨을 내쉬었습니다.

폭격이라도 맞은 듯한 난장판. 두루마리 휴지 네다섯 개가 갈가리 찢긴 채 거실 바닥을 뒹굴고 있었지요. 플라스틱으로 된 급식기는 여기저기 뜯겨서 제 기능을 못 할 상황이었고, 강아지용 장난감과 인형이 곳곳에 버려져 있었습니다.

🐾 후추 ♂, 1살

견종 보스턴 테리어 / 좌우명 인생을 즐겨라

외출 후 난장판이 된 집 안! 도둑이라도 든 걸까요?

그리고 이 난장판을 만든 주인공인 후추는 태연스러운 얼굴로 보호자와 세나개 제작진에게 인사를 했습니다.

"들어가. 너 무슨 파티라도 했니? 밥그릇은 왜 부쉈어?"

후추는 보호자의 손짓을 따라 곧장 거실 한 구석에 놓인 켄넬로 재빠르게 들어갔어요. 이럴 때는 참, 말을 잘 듣는 것 같은데 말이었지요. 세나개 제작진이 믿기지 않는 표정으로 이 황망한 풍경을 바라보자 보호자가 상황에 대해 설명을 해주었습니다.

"이렇게 제가 없을 때 후추가 일으키는 문제 행동 때문에 제보를 드렸어요. 제가 나갈 때 가급적이면 후추한테 닿을 물건들은 다 치우고 나가는데요. 그러지 못했을 때는 후추가 자기 입에 닿는 것은 모조리 씹어 먹어요."

입에 닿는 건 모두 파괴하는 후추? 후추는 해맑기만 한데!

　　유니나 보호자는 말을 마친 뒤 거실을 정리한 뒤 허탈하게 웃
기만 했어요. 아니, 후추는 도대체 왜 이렇게 방을 어지럽혔지?
제작진은 이 의문을 해소하기 위해 더욱 심층적인 조사를 시작
했습니다.

보스턴 테리어 Boston Terrier

영리하고 신사적인
강아지라구~

보스턴 테리어는 1870년대 미국 보스턴 지역에서 태어났어요.
불독과 테리어 종의 교배를 통해서 말이지요. 머리가 무척 똑
똑하고 아이들과 잘 지낼 수 있을 정도로 친화력이 좋은, 신
사적인 강아지지요. 다만 대부분의 사람에게 다정하기에 집을
지키거나 하는 일은 기대하기 어려워요.

납작한 얼굴에 짧은 주둥이를 한 단두종에 속한
강아지이기도 하지요. 그래서 코골이나 콧물, 호흡
곤란 등의 문제를 겪기도 해요. 와인 병따개 모양으로 꼬아진 꼬리가 인상적인 친구이
기도 하지요.

마주치는 모든 것을
파괴한다, 후추!

　다음 날, 세나개 제작진은 유니나 보호자가 출근을 준비하는 상황부터 카메라에 담았습니다. 맞벌이를 하며 후추를 돌보는 보호자는 외출하기 전 후추를 위해 온갖 것을 준비하기 시작했어요.

　우선 후추가 심심해하지 않도록 노즈 워크 장난감에 후추가 먹을 것을 넣어두었지요. 거기에다 만약의 상황을 대비해서 거실을 촬영하는 CCTV까지. 여기까지만으로도 감탄스러운데 보호자는 하나 더, 후추를 위해 엄청난 설비를 마련해 놓았습니다. 스마트폰을 조작하면 바로 깜빡, 깜빡, 전등이 껐다가 켜지도록 원격 제어 시스템을 설치한 것이었어요.

혼자 있을 후추를 위한 매일 아침 필수 과정!

"이건 어떤 용도인가요?"

"불을 껐다가 켜는 걸 반복하면 켄넬로 들어가라는 신호예요."

과연 보호자가 시연을 보이자 후추는 재빠르게 켄넬로 향했어요. 이렇게나 어려운 교육을 진행했다니, 보호자나 후추나 둘 다 대단하다고 세나개 제작진은 감탄했지요.

이 많은 것들을 다 준비한 뒤에야 보호자는 대문을 나서 출근을 시작했습니다. 그러고는 길을 걷는 와중에도, 버스를 타고 가는 도중에도 계속해서 스마트폰으로 거실에 설치한 CCTV 화면을 확인하며 후추가 문제를 일으키지는 않았나 지켜봤지요.

"처음에는 후추가 분리 불안이라고 생각했는데, 분리 불안은 아닌 것 같아요. 그래도 문제 행동을 일으키니 후추가 심심하지 않도록 노즈 워크 장난감을 준비해주기는 했어요. 하지만 다른 강아지들은 노즈 워크를 하면 피곤해져서 일찍 잔다고 하는데 후추는 그렇지도 않더라고요."

세나개 제작진은 후추가 보호자가 마련한 이 만반의 준비에도 불구하고 사고를 치는 것일까 궁금해졌어요. 그래서 제작진이 따로 설치한 카메라로 후추를 관찰하기 시작했지요.

　보호자가 나간 직후, 후추는 장난감을 갖고 재밌게 놀기 시작했어요. 처음에는 너무 얌전한 게 아닌가 싶을 정도로, 다양한 종류의 장난감 속 간식을 빼먹던 후추가 집 안을 서성이기 시작했어요.

　그러고는 까드득, 까득! 후추는 노즈 워크 장난감 안의 간식으로는 모자랐는지 급식기를 거세게 물어뜯기 시작했어요.

　보호자도 거실 영상을 확인하고는 불을 껐다, 켰다를 반복하며 후추에게 켄넬로 돌아가라는 신호를 보냈지만 이게 웬걸? 아까까지 켄넬로 잘만 들어가던 후추는 부순 급식기 안에 든 사료를 주워 먹는 일에만 열중했습니다.

　그 뒤로도 후추의 환장 난장 쓰레기장 잔치는 끝이 날 기미를 보이지 않았어요. 이빨이 부러져라 급식기를 깨물어 고장 낸 뒤엔 멀쩡히 서 있던 쓰레기통을 뒤집어 그 안의 휴지를 먹고, 포장된 두루마리 휴지를 다 풀어헤치고, 코끼리 인형도 뜯어버리고, 후추는 그야말로 모든 것을 파괴하는 파괴왕! 결국에는 더 깨물 것이 없게 된 다음에야 켄넬 집으로 가서 잠이 들었습니다.

보호자가 나간 직후, 후추는 장난감을 갖고 재밌게 놀기 시작했지만,
보호자가 없는 걸 확인한 후추는 후추만의 파티를 시작했어요!

　　보호자는 퇴근 시간이 지나 집으로 돌아온 뒤 황폐하게 변한
거실을 바라보았어요. 후추가 이러기를 벌써 7개월. 보호자는 이
제 놀랍지도 않다며 포기 상태였습니다.

　　프리랜서로 일하는 유니나 보호자. 출퇴근이 유동적인 데다
후추가 이렇게나 사고를 치고 다니니 어디 맡기지도 못하고 고
민만 깊어지는 상황이었습니다.

그렇다고 보호자와 후추의 사이가 나쁜 것도 아니었어요. 오히려 이렇게나 좋을 수가 없었지요. 세나개 촬영진들 앞에서 보호자가 웰빙 식단으로 후추가 먹을 간식을 직접 요리한 후 후추와 간단한 놀이 겸 교육도 했거든요.

오른손 주기, 왼손 주기 그리고 뽀뽀하기까지. 후추는 보호자로부터 간식을 받기 위해 온갖 교육 코스를 다 밟았어요. 그런데 그 다정한 활동에는 어딘가 남다른 절차가 있었습니다.

바로 보호자가 후추에게 간식을 건네주기 전에 주먹을 쥐고서 후추를 바라보는 것이었어요. 후추도 긴장 속에서 보호자를 바라보다 보호자가 주먹을 펴고 동그라미 사인을 만들자 그제야 간식을 받아먹은 것이었지요.

"방금 수화를 하신 건가요?"
"네, 맞아요. 후추 전용 수신호가 있어요. 주먹을 쥐면 기다려, OK 사인을 하면 먹어, 박수를 치면 잘했어, 라는 의미예요."

과연 보호자가 웃는 표정으로 박수를 치자, 후추는 신이 나서 팔짝팔짝 뛰기까지 했어요. 칭찬을 들은 어린아이처럼요.

"처음에는 몰랐는데요, 후추 옆에 물건을 떨어뜨려서 큰 소리가 난 적이 있어요. 그런데 후추는 아무런 눈치도 채지 못하더라고요. 그때 염려되어서 병원에 데려가 보니 후추한테 청각 장애가 있다는 진단을 받았어요."

세나개 제작진과 보호자가 이렇게 대화를 하는 사이에도 후추
는 조용히 창밖을 바라보고만 있었어요. 보호자가 후추를 수신호
로 교육시킨 것에는 바로 이런 이유가 있었던 것이지요.

보호자는 퇴근 후 항상 후추와 함께 있으면서 산책을 같이하
고 터그 놀이를 시켜주며 하루를 마친다고 했어요. 하지만 후추
에게 청각 장애가 있다 보니 그에 맞는 교육방법과 생활 방식이
필요한 상황이기도 했지요.

"언제나 불안해요. 후추가 전선을 뜯기도 하고 높은 데서 뛰어내
리는 것도 걱정인데 비닐 안에 든 간식을 포장째로 먹거나 세제
마저 먹은 적도 있거든요."

눈만 돌리면 언제나 파괴견이 되는 후추. 과연 후추의 멈추지
않는 파괴 본능을 관리해줄 방법은 없는 것일까요? 이 문제에 대
한 답을 찾아내기 위해 세나개 제작진은 영원한 저희의 히어로,
설채현 전문가를 모시기로 결정을 내렸습니다.

청각 장애가 있는 후추를 위해 수신호를 교육시킨 보호자! 정말 대단하죠?

후추의 문제점 요약 🐾

1 입에 닿는 것은 다 물어뜯어요.
....
2 먹으면 안 되는 물건도 먹어요.
....
3 청각 장애가 있어요.

 설 전문가의 어드바이스

청각 장애 외 강아지의 여러 장애

강아지들은 원래 사람보다 더 넓은 주파수를 들을 수 있습니다. 하지만 선천적으로, 또는 후천적으로 청각 기능을 상실하는 경우도 있습니다. 선천적으로 청각 장애가 있는 강아지는 비교적 불편을 덜 느낍니다만, 후천적으로 청각 기능을 잃은 강아지들은 적응에 애를 먹기도 하지요.

만약 강아지가 예전처럼 소리에 반응을 하지 않고 큰 소리가 나도 잠에서 깨지 않는다면 청각 장애가 생긴 것은 아닐지 의심해보셔도 좋습니다. 그리고 이런 문제가 생겼을 경우, 증상을 확인하는 방법이 있습니다. 바로 TV의 소리를 줄였다가 갑자기 키웠을 때, 강아지가 놀라는지 아닌지에 따라 청각 반응을 파악할 수 있어요. 다만 박수를 치는 식으로 진동을 주는 방식은 피해야 해요. 강아지가 박수를 치면서 나는 미세한 공기 중의 진동을 느끼고 반응하는 수도 있으니까요. 강아지의 청각 장애가 확인이 되었다면, 곧장 수의사 선생님을 찾아가서 전문적인 진단을 받도록 하시기를 권해요.

파괴왕이 아니에요,
파티왕이에요!

　다음 날, 설채현 전문가가 후추의 집을 찾아왔습니다. 그것
도 이번 솔루션을 위해서 커다란 여행용 가방까지 들고서요. 초
인종을 누르자 유니나 보호자가 대문을 열고는 설채현 전문가를
반겨주었지요.

"안녕하세요. 설채현입니다. 저 아이가 후추인가요?"
"맞아요."
"어리둥절한 얼굴을 보니 제가 올 줄 몰랐던 것 같네요."
"네. 사실은 후추가 귀가 들리지 않거든요. 그래서 아까 초인종 소
　리도 듣지 못했을 거예요."

　후추는 신이 나서 설채현 전문가에게 달려가 인사를 건넸어요.

설채현 전문가는 후추의 인사를 받아준 뒤 보호자에게 후추에 대한 간단한 인상을 남겼어요.

"후추는 성격이 좋네요. 간혹 감각이 없어지면 예민해지는 강아지들도 있거든요. 하지만 후추의 세상에는 그저 소리가 없을 뿐이기만 한 것 같아요."

이제 설채현 전문가와 보호자는 소파에 앉아 후추와 놀아주면서 후추에 관해 이야기를 나누었어요. 후추는 영문도 모른 채 신이 나서 새로운 손님인 설채현 전문가를 반겼고요.

"후추는 어떻게 보호자의 가족이 되었나요?"
"우연히 길을 가다 펫샵을 지나쳤는데, 바닥까지 철창인 우리에 후추가 갇혀 있었어요. 그때 데리고 왔지요."
"팔리지 않을 거라 생각해 후추를 따로 빼놓은 것이었겠네요."
"네. 저는 제가 일을 하니까 강아지를 입양하면 안 된다고 생각했는데, 후추가 있는 그런 환경을 보니 아무리 그래도 그곳보다는 제가 데려오는 게 후추가 지내기에는 낫겠다는 생각이 들더라고요."

안타깝게도 사고뭉치 후추에게는 이렇게나 가슴 아픈 사연이 있던 것이었어요. 설채현 전문가는 가슴 아픈 과거에도 불구하고 이제는 씩씩하게 살고 있는 후추를 위해 최선의 솔루션을 찾아주기로 다짐하셨습니다.

"현재 후추와 지내면서 가장 큰 고민은 무엇인가요?"

"제가 외출했을 때마다 후추가 돌변하는 거예요. 장난감이 많은 데도 쉽게 질려 하고 가구도 엄청나게 물어뜯어요. 식초에 핫소스 그리고 치약까지 가구에 발라봤는데도 소용이 없더라고요."

과연, 설채현 전문가와 보호자가 앉은 소파 곳곳에는 보호자가 덧댄 자국으로 가득했습니다.

설채현 전문가는 곧 후추를 안아 들고는 본격적인 진단을 내리기 위해 세나개 제작진이 촬영한 후추의 일상 비디오를 관찰했어요. 보호자가 후추에게 불이 깜빡거리면 켄넬로 들어가게 교육을 진행한 것을 보고는 경탄을 멈추지 못했지요. 단지 그 이상으로 후추의 문제 행동이 심각하게 보이긴 했지만요.

"많은 보호자가 이렇게 난장판을 만드는 강아지들을 보고 분리 불안이라고 진단을 내리고는 해요. 하지만 분리 불안에는 세 가지 주요한 증상이 있습니다. 하나, 짖는다. 둘, 배변 실수를 한다. 셋, 집 안을 어지럽힌다."

분리 불안은 세나개의 단골 문제이기도 했어요. 이런 아픔을 가진 강아지들은 문밖을 바라보며 크게 하울링을 하고 표정도 불안했었지요. 하지만 설채현 전문가가 보기에 후추는 이 아이들과는 다른 점이 많은 듯했어요.

마음이 불안한 게 아니라 신나게 놀고 싶을 뿐이에요.

"영상 속의 후추를 보면 문에는 관심이 없어 보여요. 그리고 짖지
도 않고요. 후추에게는 불안한 감정은 보이지 않는 거죠. 그러
니 후추가 겪고 있는 문제는 분리 불안이 아니라 분리 관련 문제
라고 해야 해요."

비록 후추가 문제는 일으키더라도 불안해하지는 않는다는 이
야기에 유나나 보호자는 크게 안도했어요. 그 모습을 보고 설채
현 전문가는 살짝 웃고는 후추에 대한 진단을 추가로 내렸지요.

"저는 분리 관련 문제를 겪는 강아지들을 보다 쉽게 '파티견'이라
고 불러요."
"네? 파티견요?"

"맞아요. 이런 파티견들은 교육을 할 게 없어요. 평범한 강아지들이 할 법한, 당연한 행동을 할 뿐인데 그저 에너지가 많은 거지요. 흔히 개춘기라고도 하지요? 사람이 겪는 사춘기처럼 강아지들도 어린 시절에 힘이 넘쳐요."

이 난리통을 벌인 후추가 다른 문제는 없이 그저 힘이 좋을 뿐이었다니. 게다가 이 난리통이 전쟁통이 아닌 잔치통이었다니. 설채현 전문가의 진단에 보호자와 세나개 제작진은 그만 웃음을 터뜨리고 말았습니다.

"특히 후추는 청각 장애를 갖고 있지요? 그렇기 때문에 큰 소리가 나도 놀라지 않아요. 다른 강아지라면 물건을 넘어뜨리면서 나는 커다란 소리에 겁을 먹을 텐데, 후추는 그렇지 않으니까 계속 장난을 치는 거예요. 하지만 사람 나이로 치면 서른 즈음이라 할수 있는 세 살 정도가 되면 조금씩 넘쳐나던 힘이 줄어들기 시작할 테니 조금만 참아주세요."

자, 진단은 여기까지. 그러면 파티견 후추를 위해 설채현 전문가가 준비하신 끝장 솔루션은 무엇일까요? 이제부터 그 내용에 대해서 알아보도록 하지요!

조금만
기다려주세요 ♥

듣지 못해도
함께 할 수 있어요

"영상을 보니 교육적인 부분은 참 잘해주셨어요. 하지만 제가 몇 가지 더 확인하고 싶은데 이 자리에서 한번 후추에게 켄넬에 들어가라고 해보시겠어요?"

설채현 전문가의 제안을 따라 보호자는 양손을 모아 세모 모양을 만들었어요. 보호자와 후추 사이에서 이 수신호는 바로 집, 켄넬을 의미했거든요.

후추는 세나개 제작진과 설채현 전문가를 보고 긴장을 했는지 즉각 수신호를 따라가지는 못했지만, 보호자가 몇 번이고 세모 모양을 다시 만들자 곧 켄넬 안으로 무사히 골인했습니다. 보호자는 오케이 사인과 간식으로 후추를 듬뿍 칭찬해주었고요.

"네, 잘하셨어요. 한 가지 사항만 더 주의하시면 완벽하네요."

"제가 어떤 점을 놓쳤을까요?"

설채현 전문가는 보호자에게 극찬과 함께 조언을 더해주었어요.

"수신호를 반복해서 보내셨지요? 그런데 후추가 차분한 상태에서
신호를 받으면 좋아요. 그러니 후추가 수신호를 따르지 못했을
때 수신호를 반복하면 후추가 헷갈려 할 수 있어요."

"그러면 어떻게 해야 할까요?"

"한 번 수신호를 주셨다가 후추가 이해하지 못하면 잠깐 쉬는 시
간을 주세요. 그런 다음에 다시 하시면 좋아요."

다음으로 설채현 전문가와 보호자는 오케이 사인을 만들어서
후추를 칭찬해주었어요. 보호자도 잘했지만, 후추도 무척 잘해
주었으니까요.

"오늘 유니나 보호자의 교육과정을 보고 다른 가정의, 청각 장애
견과 함께 사는 분들이 많이 배우실 거예요. 감사합니다."

세상에는 후추처럼 어릴 때부터 귀가 들리지 않는 강아지도
있지만 나이를 먹으면서 청각 기능을 잃어버리는 강아지들도 있
지요. 그런 분들께 유니나 보호자와 후추는 정말 좋은 모범이 될
거예요. 그렇죠?

다음으로 설채현 전문가는 보호자와 후추의 산책에 동행을 했습니다. 귀가 들리지 않는 강아지라고 집 안에만 갇혀 지낼 수는 없으니까요. 후추 같은 경우는 더더욱 올바른 산책법에 대한 교육이 필요하다고 해야겠지요.

"이건 제가 드리는 선물이에요."

설채현 전문가는 후추에게 산책용 줄을 직접 달아주었어요. 그것은 예쁜 파란색의, 가슴 부분에 고리가 달려 보호자가 리드하기 한결 수월하도록 디자인된 줄이었어요.

"후추는 자동차나 행인이 오는 소리를 잘 듣지 못하잖아요? 그렇기 때문에 후추가 보호자를 끌고 다니는 것이 아니라 보호자가 후추를 안전하게 걷도록 안내하는 산책을 할 필요가 있어요. 이런 끈은 앞에서 막아주는 느낌이 들어서 후추가 보호자와 같이 걷기 좋아질 거예요."

보호자야 후추가 언제 어디서나 뛰어다니면서 동네를 만끽했으면 하는 마음이셨겠지만 아무래도 제일 중요한 것은 안전이었지요. 후추도 그 사실을 이해했는지 새로 단 줄에 금방 적응을 하면서 설채현 전문가와 보호자의 뒤를 따랐습니다.

보호자 속도에 맞춰 걷는 안전한 산책

산책 교육

1 가슴 쪽에 고리가 달린 산책용 줄을 사용하면 앞에서 막아주는 느낌을 받아 보호자가 리드하기 한결 수월해요.

2 리드줄 쥐는 법은 먼저 한쪽 손으로 줄을 잡고,

3 다른 한쪽 손으로 줄의 길이를 조절하면서 다녀요.

4 이때 팔꿈치를 몸에 붙이는 게 중요합니다.

5 팔꿈치를 몸에 붙이지 않으면 이렇게 리드줄을 들고 있는 손을 강아지가 당기게 되기 때문이에요.

식사도 놀이도 교육도
다 함께!

이제까지 청각 장애를 가진 후추를 위한 맞춤 솔루션이 진행이 되었지요. 하지만 보호자에게 제일 중요한 문제는 바로 후추의 파티견 체질! 드디어 설채현 전문가가 이 잔치를 끝낼 방법을 보호자에게 알려줄 차례가 되었습니다.

"아까 영상을 보니까 후추의 행동은 먹는 것과 관련이 된 경우가
    많은 것 같아요. 그렇지요?"
"네, 맞아요. 먹을 걸 다 해치운 뒤에야 장난을 쳐요."

다시 한 번 영상을 보니 설채현 전문가의 지적대로 후추는 언제나 간식이 든 장난감이나 밥그릇을 비운 뒤에야 장난을 치기 시작했었지요.

기운찬 아이라 먹을 때도 놀면서 먹어야 해요.

"후추는요, 밥그릇에 밥을 최소한의 양만 담아주면 좋겠어요."
"네? 후추가 살이 쪘나요?"
"그렇지는 않아요. 오히려 운동량이 많으니 좀 더 먹어도 좋지요.
하지만 단순히 밥그릇에 놓인 밥을 먹는 것이 아니라, 후추가 좋
아하는 놀이를 하면서 먹는 양이 더 늘어나야만 할 것 같아요."
"그러면 노즈 워크로만 한 끼 식사를 하도록 해줄게요."

이렇게 다짐을 받은 뒤 설채현 전문가는 또 하나 주의를 주
었어요.

"놀이를 마친 뒤에는 간식이 나오는 장난감을 전부 후추가 닿지
못하는 곳에 올려놔야 해요. 사람이랑 강아지랑 똑같아요. 항상
갖고 노는 장난감은 금방 질리는 거지요. 그런 의미에서 제가 후

추에게 새 장난감, 새 밥그릇을 하나씩 선물할게요."

조언을 마친 뒤 설채현 전문가는 저희 세나개 제작진의 도움을 받아 후추에게 선물할 밥그릇을 보호자의 집 안으로 들여놓았습니다. 이 비장의 무기란 무엇인가 하니, 바로 유아용 비닐 풀장이었습니다!

"제 집이 없어질 것 같은데요?"
"괜찮아요. 그러면 이 안에 고무공이랑 후추가 좋아하는 장난감 그리고 사료를 넣어줄게요. 오늘 후추의 밥그릇은 바로 이 볼풀이에요."

후추를 위한 솔루션 요약 🐾

1 한 끼는 노즈 워크로만 주세요.

2 간식이 나오는 장난감은 놀이가 끝나면 치워주세요.

3 수신호 교육을 시간 간격을 두며 해주세요.

노즈 워크를 위한 장난감 만들기

간식을 품은 공

1 테니스공을 준비해주세요.

2 공에 살짝 칼집을 낸 후 틈을 벌려주세요.

3 그 안에 사료를 넣으면 끝!

4 간식을 품은 공 완성!

후각 발달 ★★☆☆☆
문제 해결력 ★★☆☆☆
활동성 ★☆☆☆☆

❗ 이식증이 있는 반려견을 장난감과 절대 혼자 두지 마세요!

노즈 워크를 위한 장난감 만들기

천 조각 그물 공

1 헌 옷과 그물 공을 준비해주세요.

2 천을 잘라주세요. 길쭉한 천 조각을 많이 만들어 주는게 중요해요!

3 그물 공에 천을 묶어주세요.

❗ 천 조각을 삼킬 우려가 있는 반려견의 공에는 천을 꼭 묶어주세요!

4 천 조각에 사료를 넣고 돌돌 말아 그물 공 안쪽으로 밀어 넣어주세요.

5 천 조각 그물 공 완성!

후각 발달 　★★★☆☆
문제 해결력 　★★★★☆
활동성 　　★★★☆☆

노즈 워크를 위한 장난감 만들기

청바지 오징어

1 청바지와 페트병을 준비해 청바지 통부분을 적당한 크기로 잘라주세요.

2 그 안에 페트병을 넣어주세요.

⚠ 반드시 페트병 뚜껑을 제거해주세요!

3 청바지를 오징어 다리를 만들듯이 여러 갈래로 잘라주세요. 반대편 끝은 천 조각으로 묶어 고정해줍니다.

4 여러 갈래로 자른 청바지를 땋아주세요.

5 청바지 오징어 완성!

후각 발달 ★★★☆☆
문제 해결력 ★★☆☆☆
내구성 ★★★★☆

노즈 워크를 위한 장난감 만들기

대형 밥그릇 파티장

1 파티견들에게는 새롭고 재밌는 놀잇감을 제 공해주는게 좋아요. 먼저 유아용 대형 풀장을 준비해주세요.

2 풀장에 알록달록한 공을 채워 넣어주고,

3 장난감도 함께 넣어줍니다.

4 마지막으로 사료까지 뿌려주면,

5 파티견들을 위한 대형 밥그릇 파티장 완성!

❗ 알록달록한 공의 시각적 자극과 사료의 후각적 자극으로 강아지들이 뇌를 많이 쓰게 되어 에너지 소모가 커요.

　간식 풀장은 어디까지나 임시방편이기는 했어요. 유니나 보호자도 그렇고 대부분의 사람들은 항상 거실에 볼풀을 만들어놓고 지낼 수는 없을 테니까요. 하지만 후추는 오늘 하루만큼은 이 멋진 밥그릇에서 1시간 가까이 뛰어놀면서 즐거워했습니다. 파티견 후추에게는 그 별명에 걸맞은 파티장이 필요했던 것이었어요. 후추야, 개춘기가 지날 때까지 열심히 놀자!

적록색맹

강아지들이 만약 사과나무를 본다면, 빨간 사과와 녹색 잎을 같은 색으로 이해할 거예요. 강아지들은 적록색맹이기 때문이에요. 노랑과 파랑 그리고 갈색을 중심으로 세상을 보지요.

적록색맹이 된 이유는 강아지들의 시각중추를 보면 사람에 비해 원추세포가 미발달했기 때문이에요. 대신 간상세포가 많아 사람들보다 빠르게 이동하는 물체를 더 잘 포착할 수 있으며 밤이 되어도 약한 불빛을 더 잘 바라볼 수 있답니다. 그래서 어두운 밤에도 사람보다 훨씬 더 물건을 잘 알아볼 수 있기도 하고 동체시력도 빼어난 편이지요. 강아지들은 노랑색과 파랑색도 잘 구분해요.

강아지의 시간 관념

강아지들도 사람처럼 시간의 흐름을 느껴요. 시간의 흐름을 느끼는 방식에는 크게 두 가지가 있는데요. 하나는 활동일 주기예요. 우리는 아침에는 개운하고 밤에는 피곤하지요? 이렇게 시간대에 따라 달라지는 몸 컨디션을 느끼는 것을 활동일 주기라고 해요.

다른 하나는 감각에 따라 느끼는 감각 인식이에요. 감각 인식은 우리가 창 밖에 비치는 햇빛의 밝기에 따라 낮과 밤을 구분하는 것처럼, 몸의 감각으로 시간이 지났음을 이해하는 것이에요. 강아지 같은 경우에는 후각이 예민하기 때문에 냄새가 옅어지는 것으로 시간이 얼마나 지났는지를 이해하기도 한답니다.

🐾 후추 보호자와의 인터뷰!

Q. 후추에 대한 소개를 부탁드려요.

후추는 귀가 안 들리지만,

그만큼 다른 신경들이 더 발달한 아이예요.

그래서 눈치가 빠르고 교육 습득력이 뛰어나답니다.

Q. 방송에서 추천받은 교육 과정을 진행하면서 힘든 일은 없으셨나요?

후추가 대형 튜브는 하루만에 터트려버렸어요.

정말이지 처치 곤란이었죠!

하지만 신나게 놀다 쓰러져 잠드는 모습은 언제나 귀여워요.

배우 하재숙의
행숙이 좀 말려줘요!

고성의 터줏대감,
행숙이!

개는 신사다.
나는 사람의 천국이 아니라
개의 천국에 가고 싶다.

— 마크 트웨인 🐾

이번 무대는 강원도 고성의 바닷가 마을. 그리고 세나개 제작
진에게 도움을 요청한 분은 영화 〈뷰티풀 마인드〉와 〈국가대표
2〉에서 빼어난 연기를 보여줬던 하재숙 배우입니다.

"저는 스쿠버 다이빙을 하려고 고성에 여행을 왔었어요. 그러다
지금의 남편을 이곳에서 만나 연애도 하게 되어서 고성에서 살
게 되었어요."

하재숙 배우가 고성에서 만난 인연은 남편뿐만이 아니었다고
해요. 또 다른 귀중한 만남은 바로 보더 콜리 강아지인 행숙이!
행숙이는 이제 두 살이 된 보더 콜리 여자아이랍니다.

저희 제작진은 창밖으로 너무나도 아름다운 바다 풍경이 펼쳐
지는 하재숙 배우의 아파트로 향했어요. 그리고 그곳에서 처음
만난 행숙이는 저희가 왔는데도 조용히 밥만 먹고 있었습니다.

이렇게 얌전한 아이가 있을 수 있을까? 저희 세나개 제작진의
놀라움도 잠시. 행숙이는 식사를 마치고는 하재숙 배우 앞에서
누구보다도 애교쟁이가 되었습니다. 돌아, 엎드려, 빵까지. 온갖
놀이를 환상적인 호흡으로 같이 했지요.

🐾 **행숙이** 우, 2살

견종 보더 콜리 / **특징** 일상이 화보

행숙이가 유독 하재숙 배우를 따르는 데는 이유가 있었어요. 1년 전, 하재숙 배우가 행숙이와 함께 지내게 되면서 산으로, 들로 열심히 산책을 다니며 하루하루를 함께했거든요.

"세나개 제작진이 하재숙 배우가 행숙이랑 산책하는 모습을 카메라에 담아도 될까요?"
"그럼요, 물론이죠!"

제작진의 제안에 하재숙 배우와 행숙이는 기쁜 마음으로 집을 나섰습니다. 하지만 이게 웬걸? 하재숙 배우는 아파트 단지 밖으로 걸어나가지 않고 행숙이와 함께 바로 차에 탔어요. 그러고는 시원하게 뻗은 해안도로를 달려 방파제로 향했지요. 하기야, 아름다운 고성에서 살면서 바닷가를 산책하지 않으면 얼마나 손해겠어요?

이 넓은 해변이 앞마당이나 다름없어요.

"이렇게 멀리까지 산책을 나오시는 이유가 있나요?"

"산책은 되도록 여러 곳을 다니려고 해요. 특히 사람이 없는 곳으로 가려고요. 행숙이가 마음껏 달릴 수 있도록요. 뛰어다니는 것은 강아지들의 본능이잖아요."

하재숙 배우는 차에서 내린 뒤 주변에 아무도 없다는 것을 확인하고는 행숙이의 목줄을 풀어주었어요. 행숙이는 신이 나서 방파제 곳곳을 뛰어다녔지요.

"만약을 대비해서 '앉아'와 '엎드려'는 수신호로 알아볼 수 있게 확실히 교육했어요. 지금이야 사람이 없어서 괜찮지만 다른 때는 어떤 일이 일어날지 모르니까요."

보더 콜리 Border Collie

천재견이라는
별명도 있다구!

보더 콜리는 영국 출신의 강아지예요. 목축을 위해 태어났으며 가까운 사람들과의 친화성도 좋은 데다 성격도 활발하지요. 이 활발함은 보통 수준이 아니어서, 매일마다 엄청난 수준의 운동을 필요로 해요.

운동만 잘하는 것도 아니라 무척이나 똑똑한 친구이기도 하지요. 덕분에 여러 종류의 교육도 가능해요. 사람들의 칭찬도 잘 이해하지요. 목축에 특화된 성격 덕분에 낯선 사람을 경계할 줄도 알아서 경비견의 역할도 맡길 수 있어요. 이런저런 이유를 다 종합해보면 시골에서 살기 딱 좋은 강아지인 셈이지요.

다음으로 하재숙 배우와 행숙이는 두 번째 산책로, 방파제 근처의 해변 모래사장으로 이동했습니다. 그러고는 기다란 끈을 갖고 터그 놀이를 하며 또 산책을 즐겼지요. 도무지 어디가 문제견인지 알 수 없는, 기분 좋은 광경이었습니다.

설 전문가의 어드바이스

스트레스를 저작근 자극으로 푼다

어떤 강아지들은 스트레스를 받았을 때 무언가를 씹는 걸로 스트레스를 해소하기도 해요. 사람이 껌을 씹는 것처럼요. 이는 머리뼈와 아래턱뼈에 붙어 있는 근육인 저작근의 운동으로 행복을 담당하는 호르몬, 세로토닌의 분비가 촉진되기 때문이에요. 그리고 이 저작근을 가장 많이 쓰는 때는 음식을 씹을 때, 무언가를 먹을 때예요. 그래서 강아지들은 배가 고플 때만이 아니라 기분을 안정시키기 위해서도 무언가를 씹거나 먹으려고 할 수 있답니다.

아작 아작

행숙아,
같이 걸어야죠

"이렇게 산책을 오래 했으니 이제 집에 돌아가도 행숙이가 무척
행복하겠어요."
"집에 돌아가다니요? 이제 시작입니다."

이번에는 또다시 차를 타고 인적이 없는 산속 산책로로 향하
는 하재숙 배우와 행숙이. 이게 산책일까요, 오지 탐험일까요?
고성 곳곳을 돌아다니며 야생을 만끽하는 행숙이는 무척 즐거
워 보였어요.

하지만 너무나도 신이 나서 앞뒤가 보이지 않게 되었던 것일
까요? 행숙이는 하재숙 배우와 세나개 제작진을 내버려두고 수
풀 너머까지 멀리 달려나가고 말았습니다.

"행숙아!"

"어디 있는지 보이지를 않네요."
"안 들리니!"

하재숙 배우가 이름을 불러도, 소리를 질러도 오지 않던 행숙이는 한참 뒤에야 나뭇가지를 하나 물고서 유유자적 하재숙 배우와 세나개 제작진이 있는 곳으로 돌아왔습니다.

"행숙이는 흥분해서 멀리 나가면 제 목소리를 아예 못 들어요. 갑자기 튀어나가는 것도 걱정이고요. 그렇다고 늘 목줄을 달면 아이가 불행할 것 같아요. 보더 콜리는 뛰는 걸 좋아한다고 알고 있거든요."

장난감을 주워야 하는데 돌아오라는 목소리가 들릴 리가!

언제나 행숙이의 행복을 우선하는 하재숙 배우. 세나개 제작진이야 이번에는 세 번째 산책까지만 동행했지만 평소 아침과 밤에도 짧게나마 행숙이와 나가시니 이를 다 합치면 평소 네다섯 번은 다니는 셈이었지요.

하지만 이러다가 큰 사고가 나면 어떻게 될지 모르는 일이기도 했어요. 결국 하재숙 배우는 행숙이의 행복과 안전이라는 두 가지 문제에 대해 다시 고민하게 되었던 것이에요.

"야차! 야차다!"

야차 ♂, 6살

견종 시베리안 허스키 / **특징** 매너 넘치는 행숙이의 친구 그렇게 고민이 깊어지던 와중, 산책로 저 너머에서 행숙이의 친구가 찾아왔어요. 그 친구란 바로 야차. 커다란 덩치와는 달리 허당스키라는 별명을 가진 허스키였어요. 그리고 그 뒤로는 야차의 보호자이신 김용아 작가도 있었지요.

"저희는 같이 산책을 다니다가 친구가 되었어요. 행숙이와 야차 덕에 생긴 인연이지요."
"대형견들은 잘 만나기도 어려우니 친구를 사귀기가 힘들거든요. 그러다 보니 이렇게 만나는 게 더 반가워요."

행숙이는 야차를 향해 뛰어갔어요. 이렇게나 잘 맞는 것처럼 보이는 두 강아지이지만 하재숙 배우는 둘 사이의 관계도 걱정을 하고 있었어요. 왜냐하면 산책을 하는 도중 행숙이가 계속해서 야차의 앞을 가로막았기 때문이에요.

"행숙아, 야차 괴롭히지 마. 언니가 예의 있게 산책하라고 그랬지?"

하재숙 배우가 타이르고 꾸짖어도 행숙이는 계속해서 야차의 앞을 가로막았어요. 예전에는 둘이 산책을 잘했는데 요즘은 이상하게 행숙이가 야차가 걷는 걸 방해하기 시작했다는 거예요.
행숙이가 자꾸 이렇게 간섭을 하니 순한 성격의 야차도 그만 화를 낼 때가 있었어요. 그런데도 행숙이는 반복해서 야차의 앞에 끼어들었지요.

야차를 자꾸 가로막는 행숙이. 어디를 같이 가려고 그러니?

"개들끼리도 예의 있게 친해야 하는데, 왜 그러는지를 모르겠어요."

하재숙 배우는 그 모습을 지켜보며 행숙이와 야차, 둘의 우정이 깨질까 봐 걱정이 되었습니다.

행숙이의 문제점 요약 🐾

1 산책하다 튀어나가고는 해요.

2 멀리 있을 때 불러도 돌아오지 않아요.

3 친구가 걸을 때 발에 입질을 해요.

일이 곧 나의 삶,
워킹 라인

이런 문제에는 최고의 해결사가 필요하겠지요? 하재숙 배우
와 세나개 제작진의 긴급 호출에 설채현 전문가가 이 아름다운
고성으로 한달음에 달려왔습니다.

"보더 콜리들은 머리가 좋다는 이야기를 항상 들었어요. 하지만
그래서 제가 어떻게 해야 할지는 모르겠더라고요."
"맞아요. 그래서 보더 콜리들은 육체적인 활동만이 아니라 정신
적인 활동도 열심히 해야만 행복해질 수 있어요. 그러면 영상을
볼까요?"

설채현 전문가와 하재숙 배우는 세나개 제작진이 촬영한 행
숙이의 영상을 천천히 감상했어요. 그리고 화면에서는 행숙이가

계속해서 다른 사람이나 강아지의 앞을 가로막으며 진로를 방해하는 장면들이 나왔어요.

"이것 하나는 확실하게 말씀드릴 수 있겠네요. 행숙이는 워킹 라인이에요."
"네? 워킹 라인요?"

설채현 전문가의 입에서 나온 처음 들어보는 단어에 하재숙 배우는 걱정되는 눈빛으로 설채현 전문가를 바라보았어요. 워킹 라인이라니. 그게 무슨 뜻일까요?

"보더 콜리는 두 종류가 있어요. 하나는 워킹 라인. 다른 하나는 쇼 라인. 쇼 라인은 보기 좋게 외형 위주로 개량된 아이들을 말하고요. 워킹 라인은 일하기 좋게 품성, 기질, 체형 등을 개량한 아이들을 뜻해요."
"그렇다면…."
"뇌 안에 양몰이를 하라고 박혀 있는 거예요. 그래서 사람이나 다른 강아지를 양처럼 볼 수 있어요."

그동안 행숙이는 야차를 몰아야 할 양으로 봤던 거였지요. 보더 콜리는 본능적으로 움직이는 대상에 예민하다고 해요. 애정 표현이 아닌 본능적인 양몰이였으니, 야차로서는 화가 날 법도 했지요.

행숙이의 야차몰이 vs 실제 양몰이

"행숙이는 가끔 사람들 발에 입질한 적도 있어요. 그것도 마찬가
지일까요?"
"네, 맞아요. 보더 콜리는 양들을 몰면서 발을 무는 것으로 진로
를 고쳐주기도 하거든요. 본능적인 것이니까 행숙이가 그렇게 세
게 물지는 않지요?"

 설 전문가의 어드바이스

워킹 라인 vs 쇼 라인

워킹 라인이 워킹, 강아지들의 일을 위한 기준이라면 쇼 라인은 도그쇼를 위한 기준이
겠지요? 대부분의 도그쇼는 견종표준규정에 따라 그 기준에 얼마나 맞아떨어지는지를
심사해요. 도그쇼의 기준은 크게 개체심사, 보행심사, 성품심사 등으로 나뉘고, 세부적
으로는 골격의 형태나 크기 그리고 몸의 균형과 걸음걸이 및 성격 등을 심사합니다. 도
그쇼의 내용에 대해서는 동물권과 관련하여 여러 문제 제기가 있었고 근래에는 크고 작
은 변화가 뒤따르고 있답니다.

"가끔 흥분을 하면 조절을 못 해요. 한번은 저희 아버님 신발에 구멍을 낸 적도 있어요."

화면에서는 행숙이가 사람 앞을 막고 또 입질하는 장면이 나오고 있었어요. 영상 속 하재숙 배우는 놀라서 사람에게 입질을 하는 행숙이를 만류하고 있었지요.

"가끔 혼내세요?"
"네. 저럴 때만요."
"지금 행숙이가 되게 기죽은 느낌이 나요. 꼬리가 쑥 들어가고 고개를 푹 숙이고요. 행숙이가 말을 알아듣고는 있지만 안 된다고만 해서는 모자라요."
"그러면 어떻게 해야 할까요?"
"어떤 사람들은 강아지가 말을 듣지 않거나 잘못된 행동을 하면 때리기도 해요. 전기 충격기로 충격을 주기도 하고요."
"세상에… 너무나 불쌍해요."
"그럴 경우 겉으로는 강아지들이 얌전해지는 거로 보일지는 몰라요. 하지만 속으로는 아니에요. 강아지들의 속마음은 이럴 거예요. '나는 뭘 해도 혼이 나는구나.' 그래서 아무것도 안 하게 되는 거죠."

이런 상황을 학습성 무기력증이라고 해요. 강아지를 혼내거나 체벌하는 식의 강압적인 교육이 강아지들을 무기력하게만 만드는 것이지요. 그러면 어떻게 해야 좋은 교육이 될까요?

"영상을 보세요. 하재숙 배우
가 하지 말라고 했을 때 행
숙이가 멈추고 엎드렸지요?
저렇게 좋은 행동을 했을 때
칭찬해주세요."

과연. 잘못한 일에 대해 혼
을 내기보다는 잘한 일을 칭
찬해주는 것으로 교육의 방향을 잡으면 강아지가 겁이 나서 무기
력해지기보단 적극적으로 착한 일을 하려고 하겠네요!

 설 전문가의 어드바이스

학습성 무기력증

학습성 무기력증은 미국의 심리학자, 마틴 셀리그먼의
연구에서 비롯된 개념이에요. 다른 말로는 학습된 무기
력, 학습된 무력감이라고도 불립니다. 이는 동물이 고
통스러운 자극으로부터 회피하지 못하고 굴복하는 경
험을 반복한 경우, 이 자극을 다시 접하게 되었을 때 저
항을 시도하지도 못하고 무기력하게 그 상황을 받아들이는
현상을 가리킵니다. 학대를 받은 경험이 있는 많은 동물들
이 이 증상을 나타내기도 하지요.

행숙이는 자연견이다

다음으로는 행숙이가 산책하러 나갔을 때 하재숙 배우의 이야기를 듣지 않는 장면이 나왔어요. 보기만 해도 애가 타는 장면이었지요.

"행숙이의 본능을 깨운 데에는 이렇게 자유롭게 지낸 까닭도 있을 거예요. 산책할 때 줄을 묶어놓질 않으셨지요?"
"제가 행숙이를 진짜 자연견으로 키운 것이었군요."
"맞아요. 제가 봤을 때 행숙이는 너무 행복해 보이긴 해요. 하지만 행숙이가 행복해서 다른 사람이 불편을 겪는 것이지요. 더군다나 화면에 나온 것처럼 시야에서 사라지는 경우는 무척 위험해요. 이 동네에 너구리가 있나요?"
"네. 산책하다 보면 가끔 만나요."

이 이야기를 듣자 설채현 전문가의 안색이 어두워졌어요. 왜냐하면 이건 행숙이의 생명과도 직결된 문제였거든요.

"광견병은 너구리한테 물려서 걸리는 경우가 잦아요. 너구리는 광
견병의 종속주거든요. 그래서 광견병에 걸려도 죽지는 않으면서
강아지를 감염시킬 수가 있어요."
"그래도 너구리들이 행숙이를 보면 도망을 치던데요?"
"그럴 거예요. 하지만 너구리들이 도망칠 곳 없는 막다른 골목
에 몰리거나 새끼를 지켜야 할 때는 행숙이를 물려고 할 수도 있
어요."

광견병은 무척이나 위험한 질병이에요. 그러니 너구리가 있는
지역에서 강아지와 산책을 하시는 분들은 꼭 광견병 예방 주사를
맞아야만 합니다. 하재숙 배우는 뒤늦게 행숙이가 크게 위험해질
뻔했다는 사실을 깨닫고서는 깜짝 놀랐습니다.

"산책하다 강아지를 잃어버리는 사건은 줄을 묶지 않고 산책을 해
서 생기는 경우가 많아요. 그럴 때 보호자들은 꼭 몇 년 내내 잘
산책을 했다가 한 번 확 튀어나갔다고 해요. 딱 한 번 안 그랬는
데 이게 큰일이 되는 거죠."

하재숙 배우가 어디까지나 행숙이의 행복을 우선해서 했던 행
동들이 행숙이에게는 큰 위험이 될 수도 있었다니, 무서운 일이
었지요. 그래서인지 하재숙 배우는 더더욱 의기충천, 이제부터

라도 올바른 교육과 산책을 하는 방법에 대해 배우기로 결심했습니다.

"행숙이는 지금 혼자서 행복해 보여요. 하지만 강아지들은 혼자서만이 아니라 보호자와 같이 행복해야 해요. 지금 행숙이의 산책은 혼자 뛰어노는 것과 크게 다르지 않아요. 그러니 행숙이와 함께 보호자와 교감하고 소통하는 방법을 배워보도록 해요."

그러면 이제부터는 반려견 문제해결사, 설채현 전문가의 본격적인 솔루션을 시작될 차례겠지요?

클릭클릭,
내 말 알아듣겠니?

"저는 행숙이랑 조금 더 깔끔하게 소통하기 위해서 클리커를 써
볼 거예요."

설채현 전문가는 자신만만하게 비장의 무기 1호, 클리커를 꺼
냈어요. 클리커는 버튼을 누르는 것으로 클릭, 하는 소리를 낼
수 있게 디자인된 도구예요. 일종의 칭찬번역기라고 할 수도 있
겠지요.

"클리커로 교육할 때 좋은 점은 바로 클리커에서 나는 소리가 평
소에 들리지 않는 소리라는 점이에요. '옳지, 옳지' 하는 우리의
목소리는 행숙이에게 전달이 되지 않을 수도 있어요. 반복적으
로 교육시키기 어려우니까요."

클리커를 갖고 있는 것만으로 모든 교육이 끝나지는 않겠죠? 설채현 전문가는 하재숙 배우와 행숙이에게 '기다려 교육'을 클리커를 사용해서 진행하길 권했어요. 교육에 성공할 때마다 클리커 소리를 들려준 뒤 간식을 주는 식으로요.

"이렇게 다른 자극이 있을 때도 보호자의 말을 잘 따라야 하기 때문이에요. 본능을 컨트롤하고, 사람들에 정신이 팔려 그 길을 가로막는 것보다 더 재미난 상황을 만들어줘야 하죠."

하재숙 배우와 설채현 전문가는 행숙이와 함께 기다려 교육을 진행했어요. 간단한 기다려부터 주변에 사람들이 오가며 자극이 심한 상황에서의 교육까지, 행숙이는 아주 완벽하게 성공했습니다.

"제가 기다려 교육의 마니아인데요. 이 교육이 이렇게 깔끔하게 잘 된 적이 없었어요. 행숙이는 정말 대단하네요!"

기본적인 기다려 교육은 바로 통과한 행숙이. 그러면 더욱더 난이도가 높지만 그만큼 중요한 교육으로 넘어갈 차례겠지요?

행숙이의 본능 컨트롤하기
클리커 교육

1 클리커를 이용한 교육을 진행하기 위해서는 우선 클리커를 인식하도록 해야 해요. 클리커를 누른 뒤,

2 명령어를 유도한 후, 간식을 배포합니다. 반복 교육을 통해서 클리커를 인식하도록 합니다.

3 '기다려' 상태에서

4 한 사람이 방 쪽으로 움직입니다.

5 지나가는 사람을 인식했지만 기다리고 있으면 클릭 소리와 함께 칭찬해주며 간식을 줍니다.

6 어느정도 교육이 성공하면 점점 거리를 좁혀나 가며 반복교육을 합니다.

안전과 자유,
두 마리 토끼를 잡자!

설채현 전문가와 하재숙 배우 그리고 행숙이는 언제나 산책하던 산길로 향했어요. 지나다니는 행인이 적은 곳이기에 여러 가지 교육에 적합한 곳이었기 때문이었지요.

이번에도 설채현 전문가는 가방에서 행숙이를 위한 선물이자 교육을 위한 비장의 무기 2호를 꺼냈어요.

"이게 뭔가요?"

"목줄이에요. 8미터짜리."

이번 비장의 무기는 아주 기다랗고 튼튼한 목줄이었습니다. 8미터라니, 무척이나 길죠? 하재숙 배우는 이런 목줄은 처음 봤기에 깜짝 놀란 눈으로 감탄사를 외쳤습니다. 이렇게나 긴 줄이

왼쪽에 있는 파란색 목줄이 비장의 무기!

라면 행숙이의 안전과 자유, 두 마리 토끼를 놓치지 않고 묶어놓
을 수 있겠지요?

　하재숙 배우는 행숙이에게 8미터짜리 줄을 묶어준 뒤 이렇게
나 간편한 해결책이 있었나, 감탄스러운 마음에 크게 웃어버리
고 말았어요. 그러나 우리 설채현 전문가의 솔루션이 여기에서
그칠 것이라 생각한다면 오산! 설채현 전문가는 비장의 무기 3호
를 준비했습니다.

　"행숙이가 뛰쳐나갔을 때 이름을 불러도 잘 돌아오지 않았지요?
　이름은 다른 때에도 불러주기 때문에 강아지들이 정신없이 뛰어
　놀 때는 신호로 사용하기 어려워요."
　"맞아요. 행숙이는 제 목소리를 안 듣는 날이 너무 많아요. 그러
　면 어떻게 해야 할까요?"

"강아지가 무언가에 집중하고 정신이 없을 때는 특별한 소리로 불러주면 됩니다. 호루라기를 드릴게요."

아니나 다를까. 몇 번 교육을 반복해 호루라기 소리에 익숙해진 행숙이는 얼마 전과는 정반대로, 멀리까지 가 있을 때도 하재숙 배우가 부는 호루라기 소리를 듣고 재깍 되돌아왔어요.

콜백 교육은 돌발 상황에서도 백 퍼센트 인지하고 돌아오게 만드는 것이 중요해요. 특히 불렀을 때 돌아오지 않는다고 해서 줄을 잡아당기거나 하면 도리어 더 앞으로 가려고 하니까, 오히려 줄을 느슨하게 풀어주고 콜백 교육에 집중하도록 기다려주는 인내심이 필요합니다.

행숙이의 행복산책 프로젝트

8m 산책줄 잡는법

1 한쪽 손 엄지에 고리를 끼운 뒤, 어깨너비만큼 줄을 펴서 U 모양으로 잡습니다.

2 어깨너비만큼 다시 줄을 펴서 이번에는 반대로 잡습니다. 8자 형태가 되도록 잡아주세요.

3 앞의 과정을 반복합니다.

4 빠르게 뛰어가도 엉키지 않는 8자 형태 산책 줄 완성! 이제 본격적인 산책을 시작해볼까요?

❗ 긴 줄 이용 시에는 줄이 장애물에 걸리지 않도록 보호자의 각별한 주의가 필요합니다.

5 강아지가 자유롭게 걷기 시작하면 줄을 슬슬 풀어주고, 보호자가 따라가 거리가 가까워지면 다시 줄을 접으면서 가세요.

행숙이의 행복산책 프로젝트

솔루션·3

호루라기 콜백 교육

1 첫 교육 시 호루라기를 먼저 불고 이름을 불러 호루라기 소리가 콜백 신호임을 인지시켜주세요.

2 강아지와 거리가 어느 정도 벌어지면 호루라기를 먼저 불고 이름을 부릅니다.

3 반려견이 소리를 듣고 보호자 쪽으로 방향을 돌리면 즉시 클릭 소리로 칭찬해주며 간식을 줍니다.

❗ 처음에는 방향만 틀어도 클릭을 해줘야 해요.

4 반복 교육해주세요.
보호자의 명령어를 100% 인식하는 게 목표!

5 반려견의 흥분도가 올라가거나, 집중하기 어려운 장소라면 장소를 옮긴 후 다시 교육해주세요.

78

차분하게, 차분하게

마지막으로는 행숙이랑 야차가 같이 산책하기 위한 연습이 필요했어요. 이때 필요한 교육은 바로 바디 블로킹. 강아지가 옳지 못한 행동을 하려고 할 때마다 몸으로 막아서 흥분을 가라앉히고 이 행동을 하지 말라는 신호를 보내는 방법이에요.

행숙이는 이번에도 계속해서 야차 앞을 가로막으려고 했어요. 그때마다 하재숙 배우가 사이에 끼어들었지요. 아무런 외침이나 호통도 필요 없이, 하재숙 배우가 둘 사이에 있는 것만으로도 행숙이는 자신이 무슨 일을 해도 되는지, 어떤 건 하면 안 되는 일인지 이해하기 시작했어요.

야차 앞에 끼어들면 블로킹으로 막고, 그 블로킹에 막혀 기다리면 잘했다는 신호로 클리커를 누른 뒤 간식을 주고. 단순히 이

두 가지 행동을 반복했을 뿐인데 행숙이는 금세 야차를 양몰이를 할 양이 아닌 자신의 친구로 인식하기 시작했습니다.

"하루 만에 교육이 될까 했는데도 이게 진짜 되네요!"
"그럼요. 이제 행숙이가 이런 습관만 더 들이면 완벽해질 거예요."
"정말 백 번, 천 번 부탁드리길 잘했다고 생각이 들어요. 감사합니다!"

앓던 이가 쏙 빠진 것처럼 상쾌해진 하재숙 배우. 이제는 행숙이와 함께 아름다운 고성 바닷가를 산책할 일만 남았겠지요?

 행숙이를 위한 솔루션 요약

1 긴 산책줄을 사용해주세요.

2 호루라기 같은 특별한 소리로 불러주세요.

3 말을 잘 들을 때마다 칭찬도 해주세요.

행숙이의 행복산책 프로젝트

바디 블로킹

1 강아지가 잘못된 행동을 하면 앞을 가로막아 주세요.

2 흥분이 가라앉을 때까지 앉아나 기다려를 시켜주세요.

3 앉아와 기다려로 흥분을 가라앉히면 클리커와 간식을 주세요.

4 바디 블로킹은 차분히 몸으로 가로막기만 해주세요.

5 같은 일이 있을 때마다 바디 블로킹을 반복해 주세요.

✿ 행숙이 보호자와의 인터뷰!

Q. 행숙이는 어떻게 만나게 되셨나요?

옆 마을의 철물점 사장님께서 남편에게 행숙이 한번 키워보겠냐고 권하셨어요.

그때 남편이 덥석 데리고 왔을 때는 아파트니까 기르기 어렵다고 했는데요.

딱 하룻밤만 데리고 있으려다가 너무 귀여워서 계속 함께 살게 되었습니다!

행숙이는 애교가 엄청 많구요. 훨씬 작은 친구들과도 잘 어울리는

평화주의자예요. 저희 부부가 조금 투닥거리는 기미라도 보이면

꼭 가운데 끼어서 애교를 부려요.

Q. 교육은 어떠셨나요?

콜백 연습을 엄청 많이 해서 요즘은 휘파람 소리만 들으면 바로 달려 오는데….

처음에는 제 앞까지 왔다가 바로 뒤돌아서 다시 뛰어가버리지 뭐예요?

콜백을 하나마나한 상황이었지요.

그래서 요즘에는 꼭 제 앞에 앉아서 기다리는 것까지 시키는 편이에요.

여러분들도 콜백 연습하실 때, 온 다음 기다리라고도 해주세요!

▶ 다시보기

긴급 SOS
덕구네 가족을 구해줘

화가 많은 개, 덕구

개는 자신보다 당신을 더 사랑하는
지구상에서 유일한 존재다.

— 조시 빌링스 🐾

촉촉한 여름비가 내리던 어느 날. 세나개 제작진은 두근두근 떨리는 마음과 함께 빗속을 뚫고 덕구네 가족을 찾았습니다. 똑똑, 대문을 두드리고 환대와 함께 집 안으로 들어갔지요.

"반갑습니다. 세나개입니다."
"어서오세요. 그런데 들어오시고 문을 바로 닫아주세요. 덕구가 뛰쳐나와 가지고요."

세나개 제작진에 도움을 요청한, 가족 구성원들은 제작진을 환대하면서, 함께 사는 강아지 덕구에 대해 주의를 시켰습니다. 덕구는 거실 건너편 방의 안전문 뒤에 갇혀서 세나개 제작진을 반겨주었고요.

덕구는 귀여움으로 가득한, 네 살이 된 수컷 시바견이에요. 곧 보호자가 안전문을 열자 쪼르르 달려 나와서 세나개 제작진의 냄새를 맡으며 인사를 하고 다녔지요. 순하고 귀엽기만 한 듯 보이는 덕구에게는 무슨 도움이 필요한 것일까, 의문이 들었습니다.

"덕구가요. 너무 물어요. 만질 수조차 없이 그냥 물고 밤새 잠도

덕구 ♂, 4살

견종 시바견 / 특징 그 누구도 예측 불가

못 잘 정도로 성격이 예민해요."

보호자 가정의 따님인 김선영 씨는 근심 가득한 표정으로 덕구의 문제에 대해서 말을 해주었지요.

문제를 해결하기 전에 저희 세나개 제작진은 덕구가 어느 정도로 예민할까, 관찰을 하기 위해 방 곳곳에 카메라를 설치하려고 했습니다. 그런데 아니나 다를까. 덕구는 그런 저희 세나개 제작진의 모습을 보면서 컹컹 울기 시작했어요. 김선영 보호자가 덕구의 목줄을 짧게 쥐어서 덕구가 저희에게 달려들지 못하게 겨우 막아야 했지요.

시바견 Shiba inu

나는 경계심이 몹시 강하다구!

시바견은 일본을 대표하는 강아지 중 하나이지요. 시바견은 일본의 천연기념물 견종 6종 중 하나랍니다. 하지만 귀여움 한가득인 외모와는 달리 사냥에 특화된 수렵견이기도 해요.

그 덕에 시바견은 보호자에게는 충실하지만 가족 바깥의 사람들을 향한 경계심이 몹시 강해요. 더욱이 입질하는 버릇도 있어, 시바견의 보호자가 되고 싶다면 이러한 요소들을 충분히 감안한 뒤 선택하셔야만 해요. 대신 헛울음이 적고 교육이 쉽다는 면도 있답니다.

"덕구, 냠냠 줄게. 덕구야."

덕구는 너무나도 흥분한 나머지 자기 꼬리를 물려고 빙글빙글 돌며 으르르 우는 소리를 냈습니다. 김선영 보호자도 그만 줄을 놓치고 말았고요.

하지만 그사이 재빨리, 보호자 가정의 어머님인 이금봉 씨가 방바닥에 사료를 뿌리고 간식을 줘 덕구를 진정시키셔서 별문제는 일어나지 않았지요. 얼마나 아슬아슬했는지 집 안에 있던 사람들 모두가 화들짝 놀랐습니다.

"덕구가 자고 있어서 제가 이불을 덮어주려고 했는데 덕구가 제
  손을 확 물어버리더라고요."
"저는 덕구가 뒤에 있다는 것을 생각하지 못하고 등을 긁다가 제
  손이 덕구의 얼굴에 부딪혀서 물렸어요. 제가 도망치려고 하니
  까 덕구가 제 다른 쪽 손도 물었고요."

화도 내고 자기 꼬리도 쫓느라 바쁜 덕구

가족분들은 덕구에게 물린 사진을 보여주었어요. 반창고투성이에 큼지막한 흉터가 남고 살이 깊이 팬, 무시무시한 모습이 사진에 담겨 있었지요. 그러니 보호자들이 항상 불안할 수밖에 없었던 거예요.

"훈련소만 다녀오면 다 좋아질 줄 알았는데 아니었어요. 갖다오자마자 며칠 뒤 또 물렸거든요. 이제는 목줄도 못 풀고 지내요. 덕구가 남이 자기를 만지면 화를 내니까 발톱도 못 깎아주었고요."

가족분들이 덕구를 위해 노력을 하지 않은 것도 아니었습니다. 눈이 오나, 비가 오나 산책은 빠지지 않고 다녔고 훈련소에 보낸 뒤에도 매주 면회를 가기도 했지요.

하지만 덕구의 태도는 달라지지 않았어요. 덕구의 발톱도 자르지 못하고 광견병 주사조차 맞히지 못한 채 벌써 2년이나 지나고 말았다고 합니다.

스킨십을 싫어해서 발톱도 자르지 못했어요.

"저희가 만져서 케어를 해야 될 일들을 하지 못하니까… 그래서 더 걱정을 하고 있어요."

가족들의 근심이 깊어져가는 사이, 반가운 손님이 또 찾아오셨습니다. 그것은 바로 김선영 보호자의 남자친구인 홍경의 씨. 덕구는 지금 김선영 보호자 댁에 있지만 덕구의 입양은 두 분이 같이 했다고 합니다.

"보통 제가 퇴근하는 시간이 빨라서 먼저 덕구를 산책시켜줘요."
"두 분이 사시는 곳이 다른데도 매일 오셔서 산책을 시켜주시는 거예요?"
"네. 사료가 떨어졌을 때는 사료도 사다주고요."

그래서일까요? 덕구는 꼬리까지 살랑살랑 흔들면서 홍경의 씨를 반겼습니다. 덕구는 비록 여자친구인 김선영 보호자와 함께 살고 있지만 홍경의 씨까지 가족으로 여기고 있었던 것이지요.

하지만 이렇게나 특별 대우를 받는 홍경의 씨도 덕구의 입에 입마개를 채우거나 하지는 못했어요. 덕구의 예민한 성격은 어떻게도 넘어서기 힘든 장벽이었던 것이지요.

"덕구를 누구 주거나 그런 생각은 안 해봤어요. 하지만 마음 한쪽에 계속 묵직하게 무언가가 얹혀 있지요."
"강아지를 내보낼 수도 없는 것이고요. 저희가 책임감을 가지고 키워야 하는 것은 당연한 일이니까요."

92

보호자 가족분들의 애틋한 마음도 몰라주는 덕구. 그리고 이 덕구는 또 한 번 커다란 사고를 저지르고 말았습니다. 바로 세나개 제작진 PD의 발을 깨물고 만 것이에요.

"아야!"

이 급작스러운 사건은 PD가 덕구 옆을 지나 방문을 열려다가 생긴 일이었어요. 보호자는 급히 덕구를 살살 달래고, 산책하러 나가자고 이야기를 하며 덕구의 주의를 다른 곳으로 돌리려고 했습니다.

PD도 눈을 마주치지 않고, 크게 움직여서 덕구를 더 흥분시키지 않도록 주의를 했고요. 하지만 덕구에게 물려서 난 상처가 무척이나 깊어 이 이상 촬영을 진행하기 힘든 상황이었습니다.

급히 덕구를 다른 방에 격리하고 PD의 발에 붕대를 감아 응급처치를 했습니다. PD가 병원으로 간 뒤, 현장에 남은 세나개 제작진은 설채현 전문가에게 전화를 걸어 상황에 대한 조언을 청했습니다.

"강아지들은 이렇게 한번 물고 나면 더 예민해져요. 그러니 당장 촬영은 접도록 하세요. 그리고 절대 가까이 가지 마세요."
"저희 PD가 다친 부위를 찍은 사진은 보셨나요?"
"네. 생각보다 훨씬 상처가 깊은데… 솔루션이 힘들 수도 있어요."

세나개 촬영 역사상 최초로 일어난 대형 사고. 이렇게나 심각

한 상황이기에 더더욱, 저희 세나개 제작진과 덕구의 보호자들
은 설채현 전문가의 도움이 간절했습니다.

덕구의 문제점 요약 🐾

1 가족의 도움을 받지 않아요.

2 사람에게 위협적이에요.

3 흥분하면 자기 꼬리를 물려고 해요.

스트레스를 담는 잔

다음 날, 설채현 전문가는 다시 한 번 돌발 상황이 일어날 가능성을 대비해 만반의 준비와 함께 덕구네 집을 찾았습니다. 이번에도 덕구는 안전문의 뒤에서 설채현 전문가와 세나개 제작진이 오는 모습을 바라만 보았고요.

"덕구는 안에 있는 저 친구지요? 안전을 위해서 저기에 있나요?"
"네. 풀어놓으면 제작진분들을 물지도 몰라서….."
"그러면 제가 덕구를 만나볼게요."

설채현 전문가는 안전문 안의 덕구를 만나러 갔습니다. 덕구는 이번에도 으르렁거리면서 심기가 불편함을 대놓고 드러냈습니다. 하지만 설채현 전문가는 꼼짝도 하지 않고 덕구를 바라

보면서, 덕구에게 위협을 가하지
않지만 도망치지도 않는다는 것을
확실한 태도로 보여주었습니다.

둘 사이에 오래도록 팽팽한 기
싸움이 지난 뒤, 덕구는 몇 번 설
채현 전문가를 향해 짖더니 슬며
시 자리를 피했어요. 그제야 설채
현 전문가도 보호자들과 세나개 제작진을 향해 입을 열었고요.

"덕구에게는 두려워하는 표현이 거의 없네요. 그러다 제가 물러
서질 않으니까 그제야 저 사람 좀 무섭다고 표현을 했어요. 이런
아이들은 제가 움직이면 물려고 할 거예요."

"그러면 어떻게 하지요?"

"잠시만 덕구를 방 안에 좀 더 두고, 그사이 영상을 보면서 어떻
게 해야 할지를 고민해볼게요."

설채현 전문가는 더욱 신중하게 덕구의 문제를 해결하기 위해
자료 조사부터 철저히 하기로 마음을 먹은 모양이었습니다. 그
래서 보호자들과 함께 방에 앉아서 세나개 제작진이 촬영한 영
상을 하나하나 면밀하게 검토하기 시작했지요.

화면 안에는 덕구가 여기저기에서 보호자들이나 세나개 제작
진에게 화를 내는 장면이 담겨 있었어요. 보호자들과 산책하러
나갈 때나 세나개 제작진이 촬영 준비를 할 때 으르렁거리던 모

습들이었지요.

"덕구는 두려운 기색이 없네요. 겁에 질려서 공격적으로 행동하는 애들은 상대방의 눈을 마주치질 않아요. 고개는 숙이고 귀가 뒤로 넘어간 모습을 보여주죠."
"저희 덕구랑은 정반대네요?"
"맞아요. 덕구는 귀가 바짝 섰고 자세는 꼿꼿한 데다 눈을 똑바로 쳐다봐요. 송곳니를 딱 드러내고 있고요."

화면에서는 덕구가 줄을 살짝 당기기만 했을 뿐인데도 짜증을 내고 안전문에 낀 목줄을 빼주려고 할 때도 이를 드러내며 화를

덕구의 감정을 보여주는 표현들

내는 모습이 계속해서 나왔어요. 일촉즉발의 상황이 매일 매 순간 일어나니, 보호자들이 지치는 것도 무리가 아니었지요.

"예를 들어볼게요. 스트레스를 물처럼 생각해보세요. 사람이나 강아지마다 이 물을 받아내는 양동이의 크기, 스트레스를 받아도 견딜 수 있는 그릇의 크기가 다 다를 거예요. 이 양동이의 물이 넘치면 그때 문제행동이 일어나는 거죠. 그런데 덕구의 양동이는 지금 소주잔만 해요."

아픔의 강도, 위험의 강도

　다음으로는 화면에서 덕구가 자기 꼬리를 물기 위해 빙글빙글 도는 모습이 나왔어요. 덕구는 그저 자기 꼬리가 마치 원수라도 되는 것처럼 험악한 표정을 지으며 짖고 물려고 애를 쓰고 있었지요.

　"덕구가 어렸을 때부터 저랬지요?"
　"맞아요. 한 살 정도부터요."
　"알 것 같네요. 이 상황은 덕구도 어쩔 수 없는 면이 있겠어요. 덕구의 뇌 쪽에 이상이 있을 가능성이 커요."
　"뇌라고요?
　"덕구는 부분 발작 증세를 보이는 것일 수 있어요. 뇌 안에서 전기 신호가 과하게 일어나는 상황인 거죠. 자기도 컨트롤하지 못하는 예민함이 덕구 안에 있다고 할 수 있어요. 꼬리를 공격하는 모습을 보면 특히 더 그럴 가능성이 커요."

다음으로는 보호자들이나 세나개 제작진이 가장 놀란 순간이 화면에 나왔어요. 바로 눈 깜짝할 사이에 덕구가 세나개 PD의 발을 물었던 순간이었지요.

다시 봐도 정말이지 무서운 장면에 화면을 바라보는 모든 사람이 얼어붙었어요. 하지만 그런데도 보호자들이 침착하게 덕구를 달래고 산책하러 나가자며 기분을 풀어주려 고된 애를 쓰고 있었지요.

"대응 방법은 무척 잘 알고 계시네요. 맞아요. 저럴 때는 강아지가 스스로 진정하도록 내버려둬야 해요."

보호자 분들의 상황이 염려된 설채현 전문가는 보호자들이 상처를 입은 사진들도 찾아보았어요. 많은 경우 덕구는 무척이나 세게 보호자들을 물어 깊은 흉터를 남겼지요.

"바이팅 그레이드라는 것이 있어요. 이 바이팅 그레이드란 개에게 물린 강도를 수치로 표시하는 기준을 말해요. 피부에 상처가 나지 않을 정도면 1이죠. 여기에서 세게 물릴수록 단계가 올라가요."
"덕구가 낸 상처는 몇 정도인가요?"

"4에서 5예요. 바이팅 그레이드의 4는 물려서 피부에 구멍이 난 경우고 5는 구멍이 여러 개 난 경우를 뜻하거든요. 그런데요, 5나 6 정도면 미국에서는 안락사까지 권해요."

"덕구가… 그 정도인가요?"

"네. 그리고 바이팅 그레이드 6은 개에게 물린 피해자가 사망한 경우예요. 덕구는 그 직전까지 간 거죠. 바이팅 그레이드가 5나 6일 때 안락사가 권고되는 것에는 이유가 있어요. 이 정도로 거친 아이들은 교육으로 고치기 힘들뿐더러 그 과정이 도리어 삶의 복지나 질 자체를 너무 떨어뜨릴 수 있기 때문이에요."

설채현 전문가의 충격적인 이야기에 보호자들은 화들짝 놀라고 말았어요. 이렇게나 위험한 순간이 잦았다니, 겁이 날 정도였지요. 하지만 그다음, 설채현 전문가의 입에서는 보호자들과 세나개 제작진 중 그 누구도 상상하지 못한 한마디가 나왔어요.

"그래서 저는 여러분들이 고마워요."

"네?"

"어떤 사람들은 이 방송을 보고 보호자들을 탓할 수도 있어요. 어떻게 개를 저렇게 키우느냐고요. 조금 더 자신감을 가져라, 이렇게 하면 더 잘할 수 있다, 이런 이야기도 옆에서 말로나 쉽게 할 수 있는 거예요. 하지만 저는 여러분들을 변호할 거예요."

"선생님…."

"지금 보호자들은 덕구를 위해 방 하나를 내어주고 줄을 묶은 채

바이팅 그레이드 개에게 물린 강도

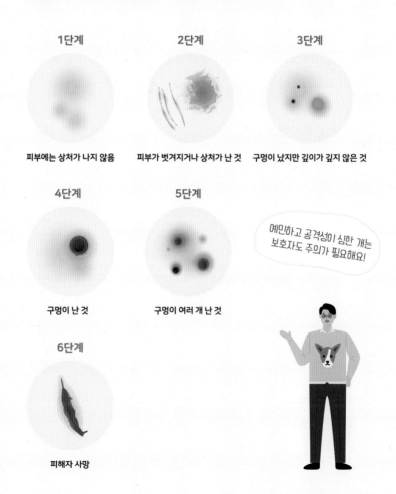

1단계

피부에는 상처가 나지 않음

2단계

피부가 벗겨지거나 상처가 난 것

3단계

구멍이 났지만 깊이가 깊지 않은 것

4단계

구멍이 난 것

5단계

구멍이 여러 개 난 것

예민하고 공격성이 심한 개는
보호자도 주의가 필요해요!

6단계

피해자 사망

지내고 계시잖아요? 강아지와 함께 지내는 이유는 가족이 더 행복해지기 위해서인데, 지금 무척 많이 희생하고 계셔요. 앞으로는 제가 최대한 도와드리도록 할게요."

역시나, 저희의 믿음직한 설채현 전문가! 맞아요. 이 상황에서 가장 가슴이 아프고 또 몸과 마음을 바쳐 문제를 해결하려고 한 사람들은 다른 누구도 아닌 덕구의 보호자들이었지요. 세나개 제작진들도 설채현 전문가의 격려에 힘입어 보다 더 열심히 덕구와 보호자들을 돕기로 다짐했고요.

덕구야,
오랜만에 관리 받을까?

"덕구는 우선적으로 약물 처방이 필요해요. 물론 약물은 만능이 아니에요. 강아지와 함께 잘 살기 위한 도구 중 하나일 뿐이에요. 덕구는 아주 예민하고 공격성이 심하기 때문에, 특히 바이팅 그레이드가 높은 편이기에 약물을 쓰는 거예요."

"그러면 어떤 준비가 필요할까요?"

"우선은 제작진의 안전을 최대한 보장한 뒤에 덕구를 진찰할까 해요. 오래도록 광견병 주사를 맞지 못했고 병원에서 진찰을 받지 못했으니 몸 상태를 전반적으로 진단해볼 거고요."

이후 세나개 제작진은 설채현 전문가의 조언을 따라 덕구네 집에 안전 나무판과 안전 펜스를 갖고 간 뒤에 덕구가 흥분하더라도 다치는 사람이 없도록 곳곳에 설치했어요.

설채현 전문가도 각종 의약품을 챙기고는 덕구를 진찰할 준비를 마쳤지요. 긴장 속에서 저희는 덕구가 갇혀 있는 방의 안전문을 열어주었어요. 덕구는 이곳저곳으로 주변 냄새를 맡으러 다녔습니다.

곧 덕구의 목줄을 끌어당겨 안전문 쪽으로 오게 만들었어요. 다음으로는 세나개 제작진 스태프들이 안전 나무판을 들고 가서 덕구의 몸을 안전문과 안전 나무판 사이에 꽉 끼어 있게 했고요.

"덕구를 진정시킨 후에 발톱도 자르고 광견병 주사도 맞고 심장사상충 검사도 해볼게요."

놀란 덕구는 계속해서 낑낑거렸지만 설채현 전문가가 아프지 않게 진정제를 놓고 넥 칼라를 씌워주었어요. 덕구는 살면서 이런 일을 겪기는 처음이었으니 놀랄 만도 했지요.

스태프들이 덕구의 몸을 붙잡은 사이 설채현 전문가는 덕구에게 광견병 주사를 놓고 피를 뽑아 심장사상충 검사와 여타 진찰을 마쳤습니다. 다행히 덕구는 건강상의 큰 문제는 없었어요.

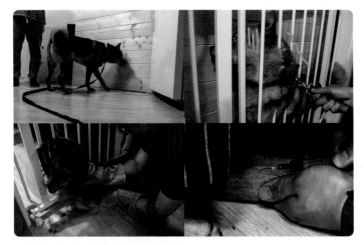

병원에 오래 가지 못했지만 아픈 곳은 없어요!

마지막으로는 2년 동안 관리를 하지 못해 불편했을 발톱도 또각, 또각 잘라주었지요. 그래서일까요? 모든 처방을 다 받고 풀려난 덕구는 저희가 우려했던 것보다 훨씬 기분이 좋아 보였어요.

너의 손을 잡아도
괜찮겠니?

"자, 그러면 덕구와 다음 솔루션을 진행해볼까요? 오늘 덕구가
집에서 스트레스를 많이 받았으니 바깥에서 교육을 해볼게요."

전날과는 달리 날씨도 화창한 오후. 설채현 전문가는 덕구네
보호자들과 함께 밖으로 나가 시원한 바람과 따스한 햇볕을 누
리며 솔루션을 진행했습니다.

덕구도 주사도 맞고 발톱도 잘리고 사람도 많이 만나 마음이
복잡했을 텐데 바깥에 나오니 한결 더 나아진 듯 보였어요. 물
론 보호자와 저희 세나개 제작진 역시 쾌청한 날씨에 기분이 상
쾌했습니다.

"덕구랑 산책 자주 나오시지요? 그런데 집 안에서만이 아니라 밖
에 나와서도 쓰다듬어준 적 있으세요?"

"아니요. 안 만져줬어요."

"계속 안 만지면 덕구는 계속 그 감각에 익숙해지지 못할 거예요."

스킨십은 무척 중요해요. 목욕 때나 치료를 받을 때 사람들이
강아지를 안 만질 수는 없으니까요. 하지만 덕구는 예민한 성격
탓에 제대로 만지기 어려운 아이였죠. 그러니 우선 스킨십에 대
해 좋은 경험을 쌓아야 했어요.

그래서 설채현 전문가가 덕구의 목줄을 꽉 쥔 채 보호자들과
스킨십 교육을 진행했습니다. 스킨십 교육의 내용은 간단했어
요. 덕구를 살짝 만지고, 간식을 하나 주고. 다시 살짝 만지고,
간식을 하나 더 주고.

덕구는 여느 때와는 달리 더욱 편한 모습으로 보호자들이 쓰
다듬어주는 것을 받아들였습니다. 하지만 아직은 익숙하지 않았
는지, 한번은 자신을 쓰다듬으려는 김선영 보호자의 손에 얼굴
을 들이밀기도 했습니다.

"방금 덕구가 싫어한 것 같아요."

"그렇지요? 강아지들은 머리 위를 만지는 것을 좋아하지 않아요.
그리고 쓰다듬으려는 손이 눈에 보여야만 덜 놀라요."

이제 덕구가 지친 것이 아닐까? 염려되었던 설채현 전문가

강아지의 머리 위를 만질 때에는 쓰다듬으려는 손이 눈에 보이도록 해야 강아지들이 크게 놀라지 않아요.

와 보호자들은 잠시 교육을 쉬고 덕구와 공놀이를 시작했어요.

"스트레스가 쌓이면 교육은 진행되지 않아요. 그러니 서두르지 말아야 해요. 또 교육을 진행하는 틈틈이 노는 시간을 가지면 스트레스는 내려가고 교육 효율은 올라갈 거예요."

강아지의 경계심을 낮추고 다가가는 방법

솔루션 · 1

야외에서 하는 스킨십 교육

1 안전하게 묶거나 붙잡아주세요.

(옳지~)

2 천천히 만지고 간식을 주세요.

3 반려견이 스트레스 받지 않도록 세심하게 반응을 살펴주세요.

(잘했어)

4 시야에서 벗어나지 않게 움직여주세요.

5 즐거운 놀이와 함께 해주세요.

지금은 마스크 시대

이제 덕구와 놀 만큼 놀았으니 다음으로는 입마개 트레이닝을
할 차례였어요. 만약 덕구가 스킨십에 익숙해지고 또 입마개도
잘 차게 된다면 보호자들이 물리거나 할 염려는 없을 테니까요.

"입마개 트레이닝도 서둘러서는 안 돼요. 처음부터 끼우려고 하지
마세요."
"그러면 어떻게 하나요?"

설채현 전문가는 방긋 웃고는 덕구를 위해 준비한 입마개에
간식을 조금 넣은 뒤 땅바닥에 내려놓았어요. 그랬더니, 이게 웬
걸? 어디에 닿기만 해도 흥분하던 덕구가 신이 나서 입마개에 주
둥이를 넣고 그 안의 간식을 주워 먹는 것이 아니겠어요?

"입마개로 노즈워크를 하는 거군요!"

"맞아요. 입마개에 대한 거부감을 없앤 뒤 단계를 높이면 좋아요. 다음으로는 보호자들이 직접 입마개에 간식을 넣어보시겠어요?"

과연 그래도 덕구가 화를 내지 않을까요? 홍경의 보호자는 용기를 내서 입마개에 간식을 한가득 담은 뒤 덕구에게 갖다주었습니다. 이번에도 덕구는 전혀 문제 될 것 없다는 듯이 입마개 안에 든 간식을 맛있게 꺼내 먹기 시작했지요. 시한폭탄 같기만 하던 덕구가 이제는 얌전해진 모습에 보호자들은 하나같이 감동한 표정이었습니다.

"덕구한테 다가갈 수 있는 용기가 생겼어요. 앞으로는 덕구를 만져도 무섭지 않을 때까지 열심히 해볼게요."

교육은 한 걸음, 한 걸음 해나가는 것이지요. 하지만 덕구네 보호자들처럼 정성을 다한다면 힘들었던 일들이 많았던 만큼 앞으로는 반드시 행복해질 수 있을 거예요!

덕구를 위한 솔루션 요약 🐾

1 스킨십을 자주 해주세요.

2 입마개 트레이닝을 해주세요.

3 부분 발작에 대한 약물 치료를 해주세요.

 설 전문가의 어드바이스

입마개 종류

강아지용 입마개는 크게 구강제어형 입마개와 덮개형 입마개로 나뉘어요. 구강제어형 입마개는 턱의 위아래를 묶어 강아지가 입을 열지 못하도록 만든 입마개예요. 반대로 덮개형 입마개는 강아지의 이빨과 혀가 나오지 못하도록만 만든 입마개고요.

강아지용 입마개를 고를 때는 강아지의 얼굴 사이즈에 맞는 입마개를 골라야 하며 강아지의 피부와 세척 빈도를 고민했을 때 어떤 재질이 좋을까 고민해야 한답니다.

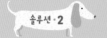

솔루션·2

마스크와 친해지는 법

입마개 기초 교육

1 입마개를 급하게 씌우면 안 돼요.

2 입마개에 대한 거부감을 없애주세요.

3 안전하게 묶거나 붙잡아주세요.

4 간식을 넣은 입마개를 가져다주세요.

5 입마개를 쥔 손으로 살짝 쓰다듬어주세요.

6 안정되었으면 입마개를 묶어주세요.

🐾 덕구 보호자와의 인터뷰!

Q. 덕구는 요즘 어떻게 지내나요?

아직 문제 행동이 100% 고쳐지진 않았어요.

하지만 약물 치료를 하면서 전보다는 훨씬 좋아졌답니다.

덕구는 또 엄청 잘 웃어주고 눈웃음은 최고로 매력적이에요!

Q. 덕구라는 이름은 어떻게 붙이셨나요?

친오빠가 붙여준 이름이에요. 강아지는 이름이 촌스러워야 오래 산다고 해서요.

강아지를 처음 데려왔을 때는 부모님이 많이 염려하셨지만,

이제는 정이 듬뿍 들어서 함께 잘 살고 있답니다.

▶ 다시보기

금사빠 파이의
위험한 사랑

🐾

사랑이 넘쳐나요,
사랑꾼 파이!

개는 결코 나를 물지 않는다.
나를 물어뜯는 건 인간뿐이다.

— 마릴린 먼로 🐾

이번 회차의 주인공은 누구일까? 어떤 문제행동을 갖고 있을까? 세나개 제작진은 매번 촬영을 시작할 때마다 긴장 속에서 이런 질문을 하게 됩니다. 짖는 친구와 도망가는 친구 그리고 물려고까지 하는 친구들 사이에서 언제나 냉대를 받은 탓이에요.

하지만 이날 제작진이 보호자의 댁을 방문했을 때, 이제껏 경험하지 못한 환대를 받았습니다. 제작진이 대문을 열자마자 꼬리를 흔들고 얼굴을 부비면서 기뻐해주는 이 친구, 다섯 살 수컷 몰티즈인 파이가 이번 제보의 주인공이었기 때문이지요.

"안녕하세요. 저는 파이 보호자인 김덕임이에요."
"저는 조아영입니다."

이렇게나 귀엽고 사랑스러운 강아지가 문제행동을 일으킨다며 세나개에 제보해준 분들이 이 두 분, 어머님인 김덕임 보호자와 따님인 조아영 보호자였어요.

"파이는 왜 파이라고 이름을 붙이셨나요?"

🐾 파이 ♂, 5살

견종 몰티즈 / 특징 금사빠

"저는 좋아하는 것으로 강아지 이름을 붙여요. 이전에 키웠던 강아지는 꾸미. 그러니까 쭈꾸미에서 따온 이름이고요. 파이는 제가 초코파이도 좋아해서 파이라고 부르게 되었어요."

생김새만큼이나 귀여운 이름을 가진 이 친구, 파이는 저희 세 나개 제작진에 찰싹 달라붙어 앉아서 놀아달라고 보채기만 했어요. 장난감을 물고서 쓰다듬어주길 바랐던 것이지요.

몰티즈 Maltese

나는 총명해!

몰티즈는 한국의 많은 반려가정에서도 만날 수 있는 견종이지요. 체구는 작지만 참 활동적인 친구들이에요. 시칠리아 남쪽 몰타섬의 강아지들이 영국군에 의해 퍼진 것이 그 유래라고 합니다. 몰티즈는 사랑스럽고 총명하고 가족을 아끼는 친구랍니다.

다만 슬개골 탈구 등의 유전적 질환을 앓는 경우가 잦으니 주의가 필요해요. 그리고 털에 눈물 자국이 남는 경우가 있으니 지속적으로 눈가의 털을 관리해줄 필요가 있답니다.

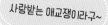
사랑받는 애교쟁이라구~

파이는 이중인격?!

도대체 이런 애교 만점의 사랑둥이 파이에게 무슨 문제가 있길래 보호자들이 세나개 제작진에게 도움을 요청하셨을까? 의문이 깊어지던 와중, 파이는 행동으로 그 설명을 대신했어요.

"으르르…."

그것은 바로, 보호자가 세나개 제작진에게 다가오자 으르렁거리면서 경계를 했던 것이지요. 아니, 으르렁거리다 못해 캥, 캥 짖다가 아예 스태프 한 명의 품 안에 쏙 들어가서 철벽 수비를 하는 것이 아니겠어요?

"파이는 저 같은 가족보다 외부 사람을 더 좋아해요. 제가 외부인을 만지거나 가까이 가려고 하면 화를 낼 정도로요."

아니, 이게 무슨 일일까요? 세나개 제작진은 언제나 보호자들과의 거리가 너무 가깝고 외부인을 기피하는 강아지들만 만나오다 이렇게 정반대 성격의 강아지를 보게 되니 당황스럽기 그지없었습니다.

조아영 보호자가 확인을 위해 세나개 제작진의 카메라맨 한 명 한 명에게 다가가려고 할 때마다 파이는 조아영 보호자를 격렬하게 밀어내려고 들었어요. 급기야 조아영 보호자의 옷을 물기까지 했지요.

사랑스럽고 애교가 많은 강아지라고만 생각했던 파이에게 이런 지킬 앤드 하이드급 반전이 있었다니! 세나개 제작진은 전원 황당한 표정으로 파이를 바라보았습니다. 보호자들에게는 웃을 수도, 울 수도 없는 상황이기도 했지요.

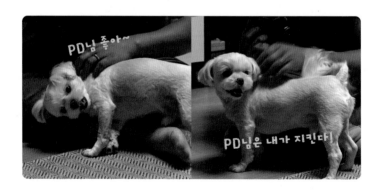

담당 PD 무릎에 앉아 보호자를 경계하던 파이는 급기야 보호자를 공격하기도 했어요.

하지만 파이가 언제나 이렇게 보호자를 적대하는 것은 아니었어요. 누나랑 있을 때는 누나바라기, 엄마랑 있을 때는 엄마바라기. 외부인이 없을 때는 가족들과도 살갑게 애교를 부리고는 하는 아이였거든요.

세나개 제작진은 〈세상에 나쁜 개는 없다〉가 아니라 〈세상에 이런 일이〉에 나올 법한 이 상황을 제대로 분석하기 위해 한 가지 실험을 해보기로 했습니다.

 **보호자가 없는 경우**

(이리와~)

1 실험 설정 방송의 실험을 위해 김덕임 보호자
와 조아영 보호자를 잠시 집 바깥에 나가시도록
요청을 드렸습니다.

2 실험 결과 파이는 여전히 세나개 PD의 무릎 위
에서 알콩달콩 즐거운 시간을 가졌습니다.

세나개 PD

아이, 예뻐라.

 **새로운 외부인이 올 경우**

오구

1 실험 설정 파이가 세나개 PD의 무릎 위에
있는 사이, 조연출이 새로 집 안에 들어오도
록 했습니다.

2 실험 결과 파이가 세나개 PD한테 벗어나 조연
출에게 쪼르르 달려갔습니다.

파이야~

왕!

3 세나개 PD가 당황해서 파이 곁으로 다가가니
화를 내며 세나개 PD을 쫓아냈습니다.

세나개 PD

어떻게 사랑이 변하니!?

 # 또다시 새로운 외부인이 올 경우

1 **실험 설정** 파이가 조연출과 노는 사이, 촬영감독이 새로 집 안에 들어오도록 했습니다.

2 **실험 결과** 파이가 또 인간관계를 새로고침했습니다. 조연출의 이야기는 귓등으로도 듣지 않았습니다.

3 분리수거라도 하듯이 세나개 PD과 조연출을 부엌으로 몰아갔습니다.

 조연출 파이야. 나는 지나가는 사람이었니?

 # 방금 버림받은 외부인이 다시 들어올 경우

1 **실험 설정** 세나개 PD가 파이에 대한 집착을 버리지 못하고 대문을 나섰다가 다시 돌아왔습니다.

2 **실험 결과** 파이가 촬영감독님을 버리고 세나개 PD에게 달려갔습니다.

 세나개 PD 단기기억상실이니?

다수의 실험을 거친 결과 결국 파이에게는 마지막으로 문을 열고 들어오는 사람이 제일 좋은 사람이라는 결론이 나왔습니다. 파이의 이런 경향은 집 안만이 아니라 집 밖에서도 마찬가지였다고 해요.

분명 산책하러 나가자고 한 사람은 보호자들인데도 행인들을 보면 폭풍 애교! 보호자들이 파이를 두고 가는 척을 하더라도 눈 길조차 주지 않았다는 것이죠.

"속이 상할 때도 있어요. 가끔 어떤 분들이 저희 가족이 파이를 냉대해서 그런 거 아니냐고 하시는데 저희는 파이를 크게 혼낸 적도 없고 산책하러 꼭 같이 나가거든요."

파이는 미용실에서 살 거야!

　놀라운 실험 결과와 잇따르는 증언에 세나개 제작진은 마지막으로 실험을 딱 한 번만 더 해보기로 했습니다. 그것은 바로 모든 강아지가 치과처럼 생각하는 그곳, 강아지 미용실에 데려가는 실험이었어요.

　아무리 외부인을 좋아하는 파이여도 미용실에 가는 것까지 좋아할까? 미용사와도 잘 지낼 수 있을까? 의문이 끊이지 않았기 때문에 실험을 강행하게 되었지요.

　그런데 이게 웬걸. 파이는 미용실에 가자마자 강아지 친구들을 지나쳐서 미용사에게 직진했습니다. 거기다 조금의 거부반응도 없이 얌전하게 목욕을 하고, 눈 바로 앞까지 가위를 갖다 대는 얼굴 미용을 받을 때도 의젓하게 미용사의 손길에 몸을 맡기는 것이 아니겠어요?

"파이야, 집에 갈까?"

여기까지는 흐뭇한 광경이었는데 말이지요. 미용을 마치고 조아영 보호자가 파이를 맞이하러 가자 다시 한 번 반전이 일어났습니다. 파이가 조아영 보호자를 피하다 못해 짖고 도망치고 으르렁거리기까지 하는 것이었어요.

 설 전문가의 어드바이스

강아지 미용실

왜 강아지들도 미용을 할까요? 예쁘게 해주려는 이유 때문만은 아니에요. 강아지 미용은 강아지들 털에 숨어있는 먼지와 진드기를 제거하기도 하거니와 털의 엉킴도 없애주지요. 발바닥 털을 자르지 않으면 바닥에 미끄러지기를 반복해 슬개골 탈구로 이어지는 경우도 있어요. 또 장모종의 경우에는 무더운 여름에 시원하게 지낼 수 있도록 체온 조절을 위해 털을 정리해주기도 한답니다.

미용실에 가기 싫어하는 강아지가 아니라, 집에 가기 싫어하는 강아지라니!

"저는 파이가 미용을 너무나도 잘 받아서 세나개에 나오게 될 줄
은 몰랐어요. 그런데 이렇게 됐네요.".

미용사조차도 당황해서 입을 다물지 못하는 이 상황. 어떻게
든 세나개 제작진이 보호자와 파이 사이가 가까워질 수 있도록
도와드려야만 하겠지요?

 파이의 문제점 요약 🐾

1 가족보다 손님을 더 좋아해요.
....
2 모르는 사람을 경계하지 않아요.
....
3 미용실에 가면 돌아오기 싫어해요.

파이의 아픈 과거

　사람을 싫어하는 개들도 사랑에 빠지는 설채현 전문가가 사람이 좋아 난리인 파이를 만났을 때는 어떤 일이 일어날까요? 아니나 다를까, 파이네 집에 설채현 전문가가 등장하자 파이는 신나서 꼬리를 흔들고 흥분을 감출 생각조차 하지 않았어요.

　그리고 이번에도 파이는 안타깝게도 보호자들을 향해 계속 짖으면서 설채현 전문가에게 다가가지 못하도록 막아서기 시작했지요. 산전수전에 개판, 고양이판, 새판까지 다 겪은 설채현 전문가조차 이런 상황은 처음인 듯 당황을 감추지 못했습니다.

　"누가 보면 제가 집주인이고 보호자가 손님인 줄 알 것 같아요."
　"속상해요, 진짜."
　"되게 미스터리한 강아지 같아요. 우선 영상을 보지요."

설채현 전문가도 어이가 없는지 그저 허탈한 웃음만 지으면서 특별한 진단을 하지 않고 보호자와 둘러앉아 파이의 생활을 촬영한 영상을 재생했습니다.

영상에는 신이 나서 세나개 제작진에게 안기고 재롱부리고 난리가 난 파이만 가득했어요. 신기한 풍경이었지요. 설채현 전문가는 확인 차 보호자들에게 퀴즈를 하나 냈어요.

"강아지들이 스킨십을 좋아할까요, 싫어할까요?"
"좋아하지 않나요?"
"스킨십을 싫어하는 것까지는 아니어도, 의외로 강아지들이 귀찮아하는 경우가 잦아요. 파이도 확인해볼까요?"

설채현 전문가는 파이를 쓰다듬다가 손을 떼었어요. 그러자 파이는 좀 더 만져달라면서 고개를 설채현 전문가 쪽으로 내밀었지요.

"이러면 스킨십을 좋아한다는 이야기예요. 싫어하거나 귀찮아하는 친구들은 이대로 그냥 가버릴 거예요. 영상 속의 파이도 그렇고 제가 실제로 만난 파이도 그렇고 이 아이는 스킨십을 무척 좋아하는 것 같네요."

하지만 그것만으로는 설명되지 않는 장면들이 계속해서 화면 안에 나왔습니다. 외부인과의 스킨십을 반기는 것만이 아니라 보호자들을 기피하고 쫓아내려고까지 했으니까요. 특히나 파이가 미용실에 갔을 때 촬영한 영상이 나올 때 설채현 전문가는 눈에 보이는 광경이 믿기지 않는지 탄식마저 흘렸어요.

"저도 이런 아이는 처음 봤어요. 행동학을 공부했지만 외부인을 1순위로 생각하는 아이는 파이가 처음이에요. 미용사한테 하는 행동도 놀랍고요."
"맞아요. 그런데 매번 그래요."
"대부분의 강아지들은 미용실에 가서 보호자를 만나면 보호자한테 달려들거든요. 미용사가 자기를 괴롭혔다고 착각해서 그래요. 하지만 파이는 미용사와 있을 때 평온한 걸 넘어 보호자에게 가기 싫어하고 보호자의 시선을 피해요. 참 서운하시겠어요."

그럴 수밖에요. 서운하고, 화
도 나고, 짜증도 날 그런 문제
겠지요. 하지만 파이는 보호자
들의 고민이 있든 없든 스태프
들에게 입을 맞추고 폭 안겨서
행복하게 놀고 있었습니다.

미용실 좋아 ♥

"파이는 언제부터 이랬나요?"
"3년 정도 전부터요."
"어떤 환경적인 변화가 있었나요?"

이 질문에야 조아영 보호자는 어딘가 짐작이 갔는지 중요한 단
서를 하나 세나개 제작진과 설채현 전문가에게 알려주었습니다.

"그때 아빠가 몸이 안 좋으셔서 일을 잠시 쉬는 기간이 있었어요.
그러다가 다시 일을 시작했을 때가 그 3년 전이에요."

파이는 원래 혼자 있는 시간이 없던 개였지요. 강아지에게 가
장 좋은 보호자는 백수라는 농담도 있을 정도로 강아지들에게는
곁에 계속 같이 있어주는 사람이 중요해요.
하지만 파이는 어느 순간부터 혼자 있는 시간이 갑작스레 늘
어나게 된 것이었지요. 길게는 12시간이나 혼자 집에서 보호자
들을 기다려야 했으니까요.

"이제 좀 알 것 같아요. 파이의 감정은 영화 〈올드보이〉의 최민식 씨와 같았던 거예요. 그 영화에서 최민식 씨가 15년이나 빌딩에 갇혀 있었지요? 파이도 마찬가지예요. 이 안이 너무 심심할 거고, 누구 새로운 사람이 왔을 때 신선한 자극을 받은 거예요."

"아…."

항상 사람이 그리웠던 파이에게 세나개 촬영은 파티나 다름없던 것이었지요. 갑자기 장난감이 몇 개나 생긴 기분이었을 거예요. 정말 오랜만에 좋아하는 놀이를 잔뜩 하는 와중, 보호자가 스태프들과 파이 사이에 끼어드는 것은 놀이를 방해하는 일이나 마찬가지였던 것이지요.

파이는 예전에는 다른 식으로 표현했을 거예요. 혀를 날름거리는 식으로 커밍 시그널을 보냈을 테니까요. 하지만 파이가 싫어하는 것을 가족들이 들어주지 못하고 어떻게 행동할지도 이끌어주지 못했기 때문에, 이제는 보호자를 공격하는 식으로 의사를 표현하게 된 것이죠.

"파이의 경우는 역동맹공격성이라고 해야 할 것 같아요. 소유공격성은 보통 보호자를 지키려는 방향으로 표출되는데 파이한테는 그 반대의 방향으로 나오게 된 거죠."

"선생님, 그러면 어떻게 해야 파이와 화해할 수 있을까요?"

"우선 기본으로 돌아가도록 해요. 파이가 절제력을 배우고 보호자들과의 관계를 회복할 수 있도록 말이에요."

우리 다시 만나요

"가장 처음 가져야 할 태도는 스스로 오게 만드는 것이에요. 파
이는 스스로 다가가면 괜찮지만 남이 먼저 가면 안 되는 상황이
에요."

설채현 전문가는 우선 파이가 가장 좋아하는 스태프를 거실
가운데에 앉혔어요. 그리고 파이가 마음껏 스태프와 놀도록 두
었지요.

"자, 이제 파이 한번 불러주세요."
"파이야?"

파이는 힐끗, 보호자를 쳐다봤어요. 이쪽으로 올까, 싶었지만

다시 고개를 돌려 스태프와 놀기를 반복했지요. 이때 보호자는 파이에게 손을 내밀거나 억지로 안으려고 하지 않고 잠시 인내의 시간을 가졌어요.

"다시 한 번 파이를 불러보시겠어요?"
"네. 파이야?"

이렇게 몇 번 호출과 기다림을 반복하니 얼마 지나지 않아 파이가 보호자에게 와 안겼어요. 기다리는 자에게 복이 있나니!

"자, 그러면 파이에게 간식을 주세요. 칭찬도 해주시고, 쓰다듬어도 주시고요."
"파이, 잘했어! 옳지!"

이후로 파이의 교육은 급물살을 탔어요. 새로 온 손님은 파이와 놀아주기만 할 뿐인데 보호자들은 파이와 놀아줄뿐더러 간식까지 줬으니까요. 간단한 계산을 하더라도 손님보다 보호자들과 노는 것이 더 재미난 상황이었던 것이에요.

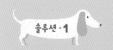

강아지에게 다가가는 법, 강아지가 다가오는 법

보호자 기다려 교육

1 다가오기 전에 갑자기 다가가지 마세요.

2 다른 곳에 관심을 보일 때 손을 내밀지 마세요.

3 억지로 안지 마세요.

4 올 때까지 조심스레 불러주세요.

5 다가오면 간식을 주고 칭찬해주세요.

6 교육을 반복해주세요.

동에서 서에서,
교육은 계속 된다!

"그러면 다음으로는 어떤 교육을 할까요?"

"이제 제가 파이랑 놀아주고 있는 사이 그 옆을 지나가주세요. 그리고 간식을 주세요. 보호자들이 근처를 지나도 파이가 싫어하지 않게 교육을 해야 해요."

이번에는 김덕임 보호자가 설채현 전문가와 파이가 놀고 있는 근처를 지나갔어요. 파이가 짖기 시작하자 보호자가 간식을 줘 파이를 달랬어요.

"잘했어요. 그런데 다음부터는 파이가 짖기 전에 주세요. 자기가 짖어서 간식을 받는 게 아니라, 보호자가 오는 게 좋은 일이라는 교육을 해야 하기 때문이에요."

김덕임 보호자는 몇 번 더 설채현 전문가와 파이가 노는 근처를 지나면서 파이가 짖기 전에 간식을 주었어요. 그리고 곧 파이는 보호자와 놀면 재미도 있고 배도 부를 수 있다는 깨달음에 보호자에게 찰떡처럼 붙어 있게 되었습니다.

　"이제부터는 파이에게 간식을 아무 때나 주지 마세요. 교육을 할
　　때만 간식을 주면 효과가 더 높아질 거예요."
　"언제나 간식을 들고 다녀야겠네요?"
　"맞아요. 아니면 집 안 곳곳에 간식을 넣은 통을 마련해두세요. 특
　　히 문제행동을 자주 일으키는 곳에 간식 통을 갖다놓고, 문제행
　　동을 극복하는 데 성공할 때마다 간식을 주면 언제든지 칭찬받을
　　가능성이 있다고 생각해서 파이가 더 교육을 잘 따라올 거예요."

몇 번의 교육을 반복하자 파이는 엄청 신난 표정이 되어 보호자들에게 다가갔습니다.

문제행동을 개선하는 교육은 원래 이렇게 빨리 고쳐지지 않아요. 내일이나 모레가 되면 언제라도 다시 원상복구가 될 수 있는 것이 강아지들의 문제행동이지요. 하지만 이렇게나 귀엽고 사람을 좋아하는 파이의 곁에 언제나 파이를 사랑하는 보호자들이 있다면, 지금까지의 문제행동은 얼마 지나지 않아 사라질 것 같았지요. 참으로 훈훈하게 솔루션이 마무리가 된 날이었습니다.

파이를 위한 솔루션 요약 🐾

1 파이가 생각하는 것을 잘 살펴주세요.

2 기다려 교육을 해주세요.

3 교육할 때만 간식을 주세요.

칭찬은 강아지도 춤추게 한다

간식 통을 이용한 교육

1 조심스럽게 강아지의 문제행동을 이끌어보
세요.

2 강아지가 문제행동을 하지 않으면 간식을 주
세요.

3 앉아와 기다려 교육을 병행해주세요.

4 어디서나 교육을 할 수 있도록 간식 통을 곳곳
에 마련해주세요.

5 교육을 잘 마무리하면 칭찬과 간식을 주세요.

🐾 파이 보호자와의 인터뷰!

Q. 파이는 어떻게 만나게 되셨나요?

파이는 제가 예전에 함께 살던 강아지, 꾸미를 사고로 보낸 뒤

친구의 권유로 만나게 되었어요.

원래는 꾸미처럼 활발한 아기를 만나게 될까 했는데, 케이지 안에서 겁 먹은 듯

눈치를 보는 파이가 눈에 너무 걸려서 데리고 오게 되었지요.

아, 꾸미는 쭈꾸미, 파이는 초코파이에서 따온 이름이랍니다.

Q. 파이가 가장 귀여울 때는 언제인가요?

파이는 제가 누워서 핸드폰을 보고 있으면 배 위로 올라와서

핸드폰이랑 얼굴 사이에 자기 얼굴을 스윽 들이밀어요.

너무너무 귀엽습니다! 또 문이 열려 있는 방에 들어가서,

문을 발로 톡톡 밀고 그 문이 닫히는 것을 쳐다보면서 기다립니다.

결국 본인은 방에 갇히게 된다는 사실을 잘 모르는 것 같아요.

매번 볼 때마다 너무 귀엽답니다!

▶ 다시보기

겁쟁이 철수
마음의 문을 열어라

켄넬 밖은 위험해

개들은 현명하게도, 조용한 구석에서 상처를 핥고
다시 온전해질 때까지 세상에 합류하지 않는다.
— 애거서 크리스티 🐾

오늘의 주인공은 누구일까, 호기심과 함께 세나개 제작진은
제보자 댁의 문을 열었습니다. 문을 열자마자 보호자들과 함께
현관까지 뛰쳐나오는 강아지를 보고는 아, 이 친구가 이번 솔루
션을 받을 친구인가 했습니다.

"이 아이는 쨍이고요. 저희가 부탁드리려는 강아지는 철수예요.
철수는 다른 곳에 있어요."

🐾 **짱이**   ♀, 11살

견종 몰티즈 / **특징** 친화력 甲, 핵인싸

🐾 **철수**   ♂, 2살

견종 믹스견 / **특징** 쫄보, 켄넬 밖은 위험해

보호자들은 세나개 제작진을 집 안 침실로 안내했습니다. 그리고 침실 한구석에 놓인 켄넬 안에는 겁을 먹어 벌벌 떠는 강아지, 철수가 숨어 있었습니다.

"철수는 외부에서 손님이 오면 항상 숨어요."
"이 바닥에 축축한 것은 뭔가요?"
"오줌이에요. 철수는 집에 손님이 오면 꼭 이래요."

철수는 두 살짜리 믹스견 수컷. 같이 사는 누나, 마티즈 짱이가 손님들에게나 보호자들에게나 친화력이 빼어난 반면 철수는 겁이 많아도 너무 많아 걱정이었습니다.

세나개 제작진이 보호자의 댁 안에 카메라를 설치하고 세팅을 마칠 때까지 철수는 켄넬 바깥으로는 한 발짝도 나오지 않고서 숨만 죽이고 있었지요.

무서우면 바로 켄넬로 달려가요.

켄넬 교육

많이들 착각하시지만 강아지 켄넬은 개집과는 다른 물건이에요. 켄넬은 손잡이나 바퀴가 달려 근거리를 이동해야 하거나 대중교통을 이용해야 할 때 큰 도움을 주지요. 그 외에도 손님이 방문했거나, 흥분했을 때, 또는 강아지가 아플 때 안정을 취할 공간으로 사용되기도 한답니다.

켄넬을 고를 때, 우선 강아지의 키보다 더 큰 물건으로 골라주세요. 강아지가 그 안에서 빙글빙글 돌아도 괜찮을만큼 넓어야 하고요. 그 외에 내구성이나 재질 등을 따져보신 뒤 구매하시기를 권해요.

강아지 켄넬 교육은 다음과 같은 순서로, 하루에 세 번 정도 하시면 좋아요. 하나. 강아지가 켄넬에 익숙해지게 할 것. 둘. 문을 닫지 않은 켄넬 안에 간식이나 장난감을 넣어두고 드나들어 친숙해지도록 할 것. 셋. 하우스 단어를 학습시켜 필요에 따라 강아지가 켄넬 안에 들어가도록 할 수 있게 할 것. 넷. 강아지가 켄넬 안에 들어갔을 때 문을 닫아도 괜찮다는 것을 인식시켜줄 것. 마지막으로 켄넬 안에서만 간식을 먹게 하면 보다 빠르게 켄넬에 친숙해질 것이에요.

> 켄넬과 친숙해지기 위한 노력이 필요해요!

산책을
기피하는 강아지라고요?

"철수와 짱이 보호자인 윤혜민입니다."
"최윤혁입니다."

윤혜민 보호자와 최윤혁 보호자는 결혼 2년 차, 한창 깨를 볶
는 중인 신혼부부였습니다. 철수가 조금이라도 편하게 지냈으면
하는 마음에 저희 세나개 제작진에게 SOS를 보냈다고 했어요.
가족에게도 항상 거리를 두는 철수. 도대체 얼마나 겁이 많기에
그런 것일까요?

"철수야. 무서워?"

손님들의 방문에 바짝 긴장한 철수를 보다 못한 최윤혁 보호자

는 간식을 들고 철수를 달래주려고 했어요. 하지만 철수가 눈치만 보는 사이 짱이가 뛰어들어 간식을 홀랑 빼먹고 도망쳤지요.

철수에게 있어 켄넬 교육은 너무나도 성공적이었어요. 얼마나 성공적이었느냐면, 7개월째 안방과 켄넬에 숨어서 지낼 정도로 말이지요.

"산책하러 갈까?"

보호자들은 언제나 셀프 독방에, 혼자만의 세상 속에 사는 철수가 안쓰럽기만 했다고 해요. 그래서 날마다 산책하러 나가자고 철수를 달래고 또 달래야만 했지요.

하지만 철수는 산책하러 나가자고 하는데도 의욕 제로의 모습. 게다가 실외배변을 고집하기에 하루에 두 번은 바깥으로 나가야만 하는데도 산책을 거절하는 모습을 보였어요. 아니, 산책을 싫어하는 강아지도 있나요?

"철수가 소변보게 하려면 저희가 사정을 해야만 해요."

보호자의 웃음 섞인 한탄이 거짓이 아니었어요. 철수는 망부석이라도 된 것처럼 산책 나가기를 거부하고, 안아서라도 데려가려고 하니 안방으로 줄행랑을 치려고 하더군요. 아파트 엘리베이터에 탔을 때조차 구석에 숨어 사시나무 떨듯 떨지 뭔가요?

160

실외배변을 하지만 바깥에 나가기는 싫어하는 이 별난 녀석. 길에 나가서도 주변을 두리번거리며 어정쩡한 자세로 볼일을 보더군요. 그러고는 세상 구경은커녕 바로 집으로 돌아가자고 보채기까지!

보호자들은 철수가 산책 경험이 늘면 괜찮지 않을까 되도록 길에서 오랜 시간을 보내려 노력했지만 효과는 없었다고 해요. 철수는 공원에서도 냄새조차 맡지 않고 마킹도 못한 채 파르르 떨기만 했어요.

어째서일까요? 바깥이 무서운 철수

"철수는 어떤 것들을 무서워하나요?"

"아이들을 무서워하고, 공 튀기는 소리를 싫어하고, 자전거를 싫어하고, 자동차 싫어하고, 사람들 싫어하고…."

"산책할 때 마주치는 모든 걸 다 싫어하는 것 같아요."

이 와중에도 보호자의 품에 안겨 덜덜 떠는 철수. 도대체 뭐가 그렇게 무서운 것일까요? 보호자들은 철수가 처음 집에 왔을 때를 떠올리면서 가슴 아픈 미소를 지었어요.

"철수는 입양 당시부터 예사롭지 않은 아이였어요. 사료는 한입도 대지 않았고 5일 동안이나 대변을 참았죠. 저희가 퇴근하고 집에 돌아오면 저희가 무서웠는지 소파에 오줌을 지리고는 했고요."

철수에게는 사실 가슴 아픈 과거가 있기도 했어요. 철수의 엄마는 공사장에서 떠돌던 유기견이었어요. 연약한 어린 강아지들에게 공사장이라는 환경은 너무나도 위험했지요. 다행히 철수는 태어난 지 2, 3개월쯤 되었을 때 동물단체로부터 구조를 받았지만, 경계심을 누그러뜨리지는 못했어요.

"처음 만났을 때와 비교하면 철수는 지금 저희에게 마음을 많이 열었어요. 하지만 평균적인 강아지들이랑 비교하면 아직은 한참 멀었지요."

"강아지들이 무서울 때 눈에 흰자가 많이 보이고는 하잖아요? 철수는 자주 그래요. 철수가 더 편하게 지냈으면 좋겠는데…."

2년 전, 공사장을 떠돌던 유기견 어미에게서 태어난 철수

    7개월째 긴장모드로 살고 있는 철수. 금이야, 옥이야 가족들은 연어에 수제 간식에 온갖 정성을 다하는데도 아직 집을 집처럼 여기지 못하고 있었습니다. 가슴 아픈 사연을 가진 철수를 위해서도, 또 철수의 보호자들을 위해서도 세나개 제작진이 발 벗고 나서야만 하겠지요?

 철수의 문제점 요약 🐾

1 사람을 무서워해요.

2 밖에 나가기를 싫어해요.

3 산책을 즐기지 못해요.

모든 게 무서운 철수

"안녕하세요, 설채현입니다."

철수의 닫힌 마음을 열어라! 이 어려운 미션을 앞두고도 설채현 전문가는 경쾌하게 철수네 댁을 찾았습니다. 하지만 이런 설채현 전문가의 태도가 무색하게 철수는 또 겁을 먹었습니다. 거기다 전날 세나개 제작진을 피해 도망치기만 했던 것과 달리 이번에는 으르렁거리면서 설채현 전문가를 향해 경계심까지 보였어요.

"이상하다, 보통 강아지들이 나 좋아하는데?"

하지만 이렇게 거절 한번 당했다고 물러설 우리의 설채현 전문가가 아니죠. 설채현 전문가는 잠시 철수가 진정하기를 기다렸

다가 천천히 철수에게 다가갔어요. 겁이 많은 철수가 놀라지 않도록 동작을 느리고 작게 하면서요.

"철수는 어떻게 데리고 오게 되셨나요?"
"입양을 결심하고 이태원 현장 입양 캠페인 단체의 도움을 받기로 했어요. 원래는 다른 강아지를 보러 갔는데 켄넬 안에서 바들바들 떨고 있는 철수를 보게 되었죠. 더운데 헉헉거리면서도 나오지 못하는 철수를 보고는 가족으로 데려오기로 결심했어요."

이렇게 처음 만남을 가진지 어느덧 7개월. 대부분의 경우라면 충분히 적응했을 기간인데도 여전히 겁을 먹기 일쑤였죠. 설채현 전문가는 보호자들의 설명을 다 들은 뒤 더 구체적으로 철수의 모습을 관찰하기 위해 세나개 제작진이 촬영한 영상을 보기로 했습니다.

화면 안에는 제작진이 철수를 찾아왔을 때 철수가 켄넬로 도망치는 모습이 나오고 있었어요.

"철수는 켄넬 안에서도 어쩔 줄 모르네요."
"거기다 소변까지 지려요."
"가장 공포심에 휩싸이는 경우에 나도 모르게 오줌을 싸는 거예요."

다음으로는 철수와 보호자들이 산책하러 나가는 영상이 나왔어요. 철수가 엘리베이터 벽에 딱 달라붙은 채 오들오들 떨거나 길가에서 급하게 볼일을 보는 장면들이었지요.

"철수의 오줌발이 세죠? 사람이랑 똑같아요. 오래 참아서 그래요."
"그리고 바로 집으로 돌아가려고 해요."
"철수가 불안해하는 거예요. 이럴 때는 그냥 집에 가셔도 좋아요.
지금은요."

현재 철수와 보호자들의 사이에서 최우선 과제는 바로 서로의
신뢰 관계를 쌓는 것이었기 때문이었어요. 바깥 환경에 적응하
고 냄새를 맡고 사람과 친해지는 것도 물론 중요하고 꼭 필요한
일이지만, 이 모든 일은 그에 앞서 철수가 보호자들을 믿고 의지
할 수 있도록 사이가 가까워져야만 할 수 있는 일이었던 것이죠.

켄넬 안에서도 불안해하는 철수의 마음의 문을 열 수 있을까?

철수의 구조는 진행 중

"철수는 왜 유독 이럴까요? 혹시 입양되기 전 상황에 대해서 아시나요?"

"이 아이는 공사장에서 태어났어요. 그러다가 시골집으로 입양을 갔고요. 하지만 시골에 가서는 집 밖에서만 생활했다고 해요. 1년 넘게 산을 타고 다니고 집에서도 도망가고… 사람을 많이 못 봤어요."

위험한 환경에서 구조해 새로 살게 된 곳이 또 철수에게는 안전하지 못했던 상황. 결국 구조자에 의해 철수는 다시 돌아왔다가 윤혜민, 최윤혁 두 보호자 댁에 안착하게 된 것이었죠.

"그래서 철수가 사회화되지 않았군요. 철수 입장에서만 보면 자유롭기는 했겠지만 대신 사람이랑 살 준비를 못 한 거예요."

168

그 때문인지 철수는 언제나 방 안에 갇혀서 꼼짝도 하지 않았지요. 가족이 없을 때는 거실까지도 나와서 이리저리 돌아다녔지만요. 두 보호자 입장에서는 너무나도 미안하고 또 안쓰러운 나날이었어요.

무서워요…

"저는 철수가 하고 싶은 대로 하게 내버려두길 권하고 싶어요. 철수는 아직 적응 기간이에요. '빨리 친해져야지!' 하다가는 악영향이 올 수도 있어요."

중요한 것은 철수와 보호자의 신뢰 관계를 쌓는 것이었지요. 그리고 신뢰 관계를 쌓기 위해서는 소통을 해야 하고요. 하기 싫다는 것은 하지 않고, 하고 싶어하는 것은 하도록 돕는 것에서 소통이 출발할 것이었어요.

밥을 먹을 때도 보호자를 의식하는 철수

"두 보호자가 천천히 철수와 소통하시다 보면 곧 철수도 '어, 이
사람들은 내가 걱정했던 것과는 달리 좋은 사람이야. 내 마음을
알아줘.'라고 깨닫는 순간이 올 거예요."

강아지들의 사회화에는 생후 2개월까지의 시기가 특히 중요
한데 철수는 사람과의 접촉이 한참 미뤄진 상황이었으니 보다 세
심하게 접근할 필요가 있었던 거죠. 보호자들은 고개를 끄덕이면
서 소통의 중요함을 다시 한 번 되새겼어요.

"제가 봤을 때요. 철수는 복 받은 아이 같아요. 유년기는 힘들었
지만 이렇게나 훌륭한 보호자가 두 분이나 곁에서 정성을 다하
고 계시니까요. 나중 가면 지금보다 훨씬 더 철수와 잘 지내실 거
예요. 그저 철수의 페이스로, 몇 가지 제가 권해드리는 일만 고
쳐주시면요."

조금 전까지는 과연 철수가 사람에게 마음을 열 수 있을까 염
려가 되었지만, 설채현 전문가가 자신만만하게 공언하자 두 보
호자의 얼굴에는 작게나마 웃음꽃이 피었습니다. 우리의 설채현
전문가, 이번에도 강아지들의 걱정과 고민거리를 한 방에 해결
해주시겠지요?

조용히 다가와주세요

"보호자와 강아지 사이의 관계 개선 방법 중에서 콰이어트 타임이
라는 걸 권해보고 싶어요. 혹시 책 좋아하세요?"

"네, 무척 좋아합니다. 그런데 콰이어트 타임은 어떻게 하면 되
지요?"

"철수와 보호자 둘만 앉으세요. 그러고는 너무 낮은 목소리보다
는 조용한 목소리로 책을 읽어주세요. 5분에서 10분 정도로요.
그리고 철수가 관심을 갖고 보호자를 바라보면 그때 간식을 하
나 주세요."

이 방법이 정말 먹힐까? 책을 읽어주는 것만으로도 신뢰 관계
를 쌓을 수 있다니, 신기한 이야기였어요. 좋은 일에는 늦장 부
릴 필요가 없다는 생각에 남자 보호자는 곧장 침실로 가서 철수
와 나란히 앉아 콰이어트 타임을 가졌습니다.

그런데 정말 신비롭게도 보호자가 나긋나긋하게 책을 읽는 목소리에 철수는 한결 편안해진 모습이었습니다. 보호자는 가끔 철수와 눈을 마주치면 클리커로 찰칵, 소리를 낸 뒤 간식을 하나씩 건네주었지요.

 설 전문가의 어드바이스

남자 보호자와 여자 보호자

"우리 집 강아지는 여자만 좋아해.", "우리 집 강아지는 남자를 무서워 해." 같은 이야기들, 들어보신 적이 있지 않나요?

강아지들은 낮은 목소리를 듣고서는 자기들끼리 화를 낼 때 으르렁거리는 것으로 인식하기도 해요. 그래서 상대적으로 낮은 목소리를 가진 남자들을 더 무서워하는 경우도 있답니다.

그리고 키가 큰 사람이 거침없이 움직인다면 이 역시 경계의 눈초리로 바라보게 된답니다. 어디까지나 강아지마다, 또 그 강아지의 주변 환경과 경험에 따라 달라지는 문제이니 절대적인 기준은 아니지만요. 대신 친해지고 싶은 강아지가 있다면, 목소리의 톤을 조금만 올려보시고 조심스레 인사하심이 어떨까요?

친해지고 싶은 강아지가 있다면 목소리 톤을 올려 조심스레 인사해보세요!

콰이어트 타임의 목표는 강아지가 보호자와 보내는 시간을 편안하게 느낄 수 있도록 유도하는 것이에요. 그러다 강아지가 보호자에게 관심을 보이면 간식으로 보상을 하고요. 이렇게 둘 사이에 좋은 기억이 쌓이면 신뢰 관계를 구축하는 데 큰 도움이 되는 것이었지요.

"보호자와의 신뢰가 쌓였으면 이제 자신감 교육을 해주세요. 밝은 목소리로 칭찬을 해주면 자신감이 팍팍 올라갈 거예요."

설채현 전문가의 지도 아래에 두 보호자는 철수와 놀아주면서 철수가 무슨 일을 하든 쓰다듬어주고 칭찬해주고 환호해주기를 반복했어요. 철수는 이게 무슨 상황인지 바로 이해하지 못하다가 곧 신이 나서 두 분과 같이 장난을 쳤지요.

철수는 한껏 보호자들과 뛰어놀다 보니 피곤해진 것 같았어요. 조용히 두 분 곁에서 떨어졌거든요. 언제나 보호자들을 피해 도망만 다니다가 신나게 놀기 시작했으니 지칠 만도 했지요.

"이럴 때는 철수가 쉬게 해주세요. 놀이에도 완급이 필요하니까요."

철수, 조금만 쉬고 또다시 놀면 좋겠다. 그렇죠?

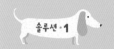

강아지의 마음을 여는 법

콰이어트 타임

1 보호자는 책 한 권을 가져와 반려견 옆에서 5분에서 10분 정도 조용한 목소리로 책을 읽어줍니다.

2 반려견이 관심을 보이며 보호자와 눈이 마주치면 클리커로 찰칵, 소리를 낸 뒤 간식을 하나 건네줍니다.

3 목소리 톤을 조금만 올려서 강아지가 보호자와의 시간을 편안하게 느낄 수 있도록 유도합니다.

4 보호자와 신뢰가 쌓이면 장난감으로 반려견과 놀아주면서 칭찬해줍니다.

5 반려견이 자리를 피하는 경우 반려견의 컨디션에 따라 완급 조절을 해주세요.

줄만 바꿔도
산책이 달라져요

다음으로는 실외배변을 하는 철수에게 꼭 필요 하지만 언제나 어려워하는 산책 문제를 해결할 차례였습니다. 설채현 전문가는 철수를 위해 산책용 물품을 또 선물로 갖고 왔어요.

"가슴줄 대신 목줄로 교체를 해보지요. 목줄은 가슴줄에 비해 비 교적 몸에 닿는 면적이 작거든요. 그래서 철수처럼 예민한 아이 들에게는 가슴줄보다 목줄이 더 잘 맞을 수도 있어요."

다음으로 설채현 전문가는 철수가 목줄과 친숙해지도록 솔루 션을 진행했습니다. 그 솔루션은 목줄을 바닥에 둔 뒤 그 안에 간식을 놓거나, 목줄 너머로 고개를 뻗으면 간식을 먹을 수 있게 들고 있거나 하는 식으로 철수가 목줄을 어색해 하지 않도록 하는 것이었지요.

철수는 어느새 목줄이 무섭지 않은지 태연하게 목줄을 지나쳐서 간식을 받아먹었어요. 이제 산책하러 나갈 준비를 마쳤으니, 밖으로 나가야겠지요?

"이번 산책부터는 켄넬을 들고 가도록 하지요. 철수는 불안해지면 켄넬 안으로 들어가지요? 그러니 산책 도중 지치거나 힘들 때 숨을 곳으로 켄넬을 마련해주면 큰 도움이 될 거예요."

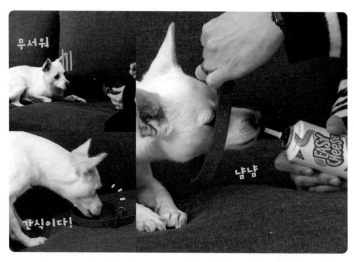

간식과 함께라면 목줄 교육은 무섭지 않아요.

느리지만 멈추지 않고

전날까지라면 겁을 먹은 철수가 염려되었을 산책길이지만 이날은 분위기가 달랐습니다. 철수는 콰이어트 타임을 갖고 한껏 칭찬도 받은 덕분인지 평소보다는 조금 덜 불안해하는 모습이었고 보호자들 역시 설채현 전문가와 함께한다는 사실에 자신감을 얻으셨어요.

하지만 지나가는 사람을 만나자 철수는 다시 주눅이 들었습니다. 그리고 그런 때에는 설채현 전문가의 대처법이 있었지요.

"간식을 주세요. 잘 지나갔으니까 칭찬을 해주시면 철수가 더 마음을 풀고 용기를 낼 수 있어요."

세 사람과 강아지 두 마리는 이내 동네 공원 한가운데에 도착

철수야, 느려도 괜찮아!

했습니다. 보호자들은 설채현 전문가의 지도 아래에 켄넬을 근처에 놓고 철수가 안에 들어가서 쉴 수 있게 해주었어요.

다음으로는 간식을 하나 준비해서 철수가 먹나 먹지 않나 확인을 했습니다. 무언가를 줘서 먹으면 그건 곧 긴장이 풀렸다는 얘기이기도 하거든요. 철수는 처음 몇 번 동안은 간식을 줘도 눈을 돌렸지만, 얼마 지나지 않아 보호자의 손가락을 살짝 핥아서 간식을 얻어먹었지요.

"소심한 강아지와 함께 지내시는 분들은 강아지가 나랑 안 친해진다고 빨리 다가가려 하다가 역효과를 내는 경우가 많아요. 강아지들이 보호자를 신뢰하지 못하게 되는 것이지요."

"네, 앞으로 꼭 조심할게요!"

"저는 철수를 보면서 걱정이 들었어요. 사실 철수 같은 아이들은 짱이처럼 밝아지기 어려워요. 어릴 적에 사회화를 잘 겪지 못하기도 했고 성격도 예민한 편이니까요. 하지만 보호자들을 보면 안심이 되기도 해요. 철수는 짱이처럼은 되지 않더라도 철수가 할 수 있는 최선까지는 밝아질 수 있을 거예요."

설채현 전문가는 두 보호자를 한껏 격려하고 응원하는 것으로 솔루션을 마쳤습니다. 그리고 며칠 뒤, 두 보호자는 철수와 신나게 산책하러 나가고 오붓하게 콰이어트 타임도 갖는 영상을 보내주었습니다. 설채현 전문가의 귀신 같은 예측이 이번에도 또 맞아떨어진 것이었지요!

철수를 위한 솔루션 요약

1 콰이어트 타임을 가져주세요.

2 자신감 교육을 해주세요.

3 켄넬 산책을 시켜주세요.

낯선 곳에 가도 안심하고 산책하는 방법

솔루션·2

켄넬 산책교육

1 켄넬과 함께 산책을 나가주세요.

2 한적한 공간에 켄넬을 놓아주세요.

3 강아지가 지칠 때마다 켄넬에 들어가게 해주세요.

4 간식도 주면서 바깥에 익숙해지도록 해주세요.

🐾 철수 보호자와의 인터뷰!

Q. 철수와 교육은 잘 하고 계신가요?

네. 켄넬을 매번 들고 다니는 게 어렵지만 철수를 위한 일이니까요.

특히 트라우마가 있는 강아지들은 함께 지내기 위해 많은 시간이 필요해요.

그러니 저의 시간에 강아지가 맞추기보다는 강아지의 시간에 맞추고

다가가는 것이 가장 중요한 것 같아요.

Q. 철수는 요즘 어떻게 지내나요?

가족도 경계하느라 간식을 앞에 놔줘도 먹지 않던 철수가

언젠가부터 밥을 달라고 조르기 시작했어요.

하지만 달라고 해서 줬는데 맛있는 게 아니라고 다 남길 때는 조금 얄밉더라고요!

▶ 다시보기

미용실 죽돌이
곰이야 집에 가자

미용실의 우수직원!

돈으로 좋은 개를 살 수는 있지만,
오직 사랑만이 개의 꼬리를 흔들게 할 수 있다.

— 킨키 프리드만 🐾

세나개 제작진은 제보자께서 보내준 주소를 찾아 헤매고 또 헤맸어요. 한참이나 뒤늦게 제작진이 왜 길을 찾지 못했는지 알게 되었는데요, 그 이유는 이번의 제보자께서 집 주소가 아니라 가게 주소를 알려주셨기 때문이었어요.

그 가게는 바로 동네의 명물 미용실. 반가운 마음에 문을 열려고 하는데 그 대문에는 커다랗게 가게 안에 강아지가 있다는 주의문이 붙어 있었지요. 그 주의문에는 붕어 모양 모자를 쓴 하얀 강아지, 곰이의 사진이 담겨 있었어요.

과연 문을 여니 커다란 강아지가 장난감을 문 채로 놀고 있었어요. 예쁜 옷을 입고서 미용실 안을 제집처럼 활보하는 이 친구가 바로 오늘의 주인공, 곰이였지요.

"곰이는 몇 살인가요?"
"저희가 짐작하기에는 6개월에서 7개월은 된 것 같아요."

사람 나이에 비교해도 아기 정도밖에 되지 않는 곰이. 하지만 어찌나 덩치가 커다란지 키가 사람 무릎보다도 높았어요. 그런

🐾 곰이 ♂, 7개월 추정

견종 믹스견 / **좌우명** 외모로 나이를 판단하지 마라

데도 아직 한쪽 귀가 똑바로 서지 않고 접혀 있어 어린 아기 티가 뚝뚝 떨어졌지요.

"안녕하세요, 곰이 보호자, 정지혜입니다. "
"저는 곰이의 유희활동 담당, 정은아예요."
"곰이 물주이자 미용실 원장인 박지원입니다."

미용실의 직원 분들이 일심동체가 되어서 곰이를 돌보고 있다는 것이 확실하게 느껴지는 자기소개였지요? 그리고 미용실 직원 분들이 곰이를 보살피는 만큼 곰이도 미용실에서 열심히 일을 하고 있었어요.

견생역전.
정곰이: 6개월
직책: 영업이사
특기: 접대

미용실 한구석에 붙여진 작은 포스터에는 이렇게 적혀 있었지요. 네. 곰이는 이 미용실의 영업이사로 일하면서 치명적인 애교로 손님들이 결코 가게를 떠나지 못하도록 붙잡는 막중한 임무를 맡고 있었어요.
손님이 커트하는 사이 손님의 아이를 돌봐주기도 하고, 샴푸를 하는 손님이 지루하시지 않도록 가서 애교를 부리기도 하고.

곰이는 이제 이 미용실에서 떼려야 뗄 수 없는 소중한 직원이자 마스코트가 되었습니다.

손님 만족을 위한 최상의 서비스를 자랑하는 곰이. 저희 세나개 제작진은 곰이가 무슨 문제를 갖고 있을지 곰곰이 고민해 봤지만 곰이에게서는 어떠한 문제도 보이지 않았어요. 보호자들은 도대체 무슨 이유로 저희 세나개 제작진들에게 SOS 요청을 보낸 것이었을까, 그냥 곰이를 자랑하고 싶어서 신청한 것은 아니었을까, 하고 의문은 깊어져만 갔습니다.

 설 전문가의 어드바이스

강아지 패션에 대해

지금은 SNS 시대! 강아지들도 인스타그램 계정이 있는 세상이에요. 예쁜 옷을 차려입은 사진을 올리는 일은 인간만의 특권이 아니랍니다. 정말이지 요즘에는 강아지들을 위한 온갖 종류의 옷이 판매되고 있거든요.

많은 사람들이 강아지는 옷을 입지 않는 것이 자연스럽다고 생각하겠지만, 꼭 그렇지만도 않지요. 사계절이 뚜렷한 한국에서 살게 된 다른 지역 출신 견종도 있으니까요. 특히 단모종이거나 피부가 예민한 아이라면 한여름의 직사광선이나 한겨울의 한파를 피할 수 있도록 이런저런 조치가 필요할 테고, 강아지 옷은 이 문제에 있어 제법 괜찮은 해결책이 되어주기도 한답니다.

곰이에게
집을 주고 싶어요

"곰이는 어떻게 만나게 되셨나요?"
"사실 저희가 입양을 하기까지 조금 안타까운 사연이 있었어요.
곰이가 예전에는 저희 옆 건물에서 살았거든요. 바로 저기예요."

보호자들은 저희 세나개 제작진들을 데리고 베란다로 가 이웃
한 건물의 옥상을 가리켰습니다. 그곳에는 아직도 곰이의 대변
이 덩그러니 놓여 있었지요. 곰이를 미용실 식구들이 보호한 지
한참이 됐음에도요.

"곰이가 저곳에서 눈이 오나 비가 오나 피할 곳 없이 방치되어 있
었어요."
"아기 때요?"

"네. 아기 강아지가 버틴 게 대단하다 싶을 정도로 추운 날씨였어요. 창문 너머로 보이는 모습이 안쓰러워서 저희가 데려오려고 했어요. 종이에다 저희가 보살피겠다고 편지도 써서 이웃에 보내고요."

하지만 이웃집의 반응은 묵묵부답에 요지부동. 어떻게든 이를 해결할 수 없을까 고민하며 옥상 너머 곰이에게 밥을 던져주고 간식 넘겨주고 하던 중, 다행스럽게도 곰이의 일화가 SNS에 퍼지면서 동물단체의 도움을 받아 곰이를 데려오는 데 성공했습니다.

그렇게 우여곡절 끝에 데려온 곰이는 미용실에 막 도착했을 당시에는 항상 구석에만 숨어 있었다고 했습니다. 보호자들이 손을 뻗어 쓰다듬어주려고 해도 앞발을 떨며 피하기만 했고요.

지금의 곰이가 보여주는 발랄하고 에너지 넘치는 모습과는 정반대였던 것이지요. 그리고 그것은 곰이가 어린아이라면 반드시

입양 당시에는 지금과 전혀 달랐던 곰이

거쳐야만 할 사회화 과정을 옥상에 갇혀 지내는 바람에 겪지 못한 탓이었습니다.

물론 요즘 곰이는 너무나도 기운이 넘쳐서 걱정일 정도로 보호자들과 끈끈한 유대를 자랑하고 있지만, 그렇게 힘든 시절도 있었다고 했습니다.

"곰이는 어릴 때 힘든 시기를 거쳤으니까 저희는 곰이에게 더 잘 해주고 싶어요. 하지만 저희가 퇴근하고 집에 가면 곰이는 미용실에 홀로 남거든요. 과연 그래도 괜찮을까, 싶더라고요."

산책도 하루에 두 번씩 꼬박꼬박, 장난감도 옷도 챙겨주며 지극정성으로 보살피는 미용실의 보호자들은 그러나 이렇게 곰이와 떨어져서 지내는 시간이 길어지는 것이 항상 염려였다고 했습니다.

"그래서 제가 집으로 데려가고 해요. 다만 집에는 문제가 하나 있어서… 세나개 제작진의 도움을 받고 싶어 여러분께 제보를 드렸어요."

정지혜 보호자의 심각한 태도에 저희 세나개 제작진 일동은 긴장감 속에서 얼마나 힘들고 어려운 문제가 제기될지 기다려야만 했습니다.

"저희 집에는 고양이가 있거든요."

쿠마 ♀, 2살

묘종 먼치킨 / **특징** 소심함

그리고 제작진이 듣게 된 이야기는 힘들고 어려우면서 또 귀여운 문제였습니다. 귀여운 강아지와 사랑스러운 고양이의 합사라니!

강아지와 고양이는 어딘지 앙숙 사이라는 이미지가 있지요. 물론 이는 개바개, 냥바냥이라는 개별적인 문제지만 정지혜 보호자 댁의 고양이 쿠마는 소심하고 겁이 많은 아이라고 했어요. 그리고 가족이 늘어나는 것에는 언제나 크고 작은 어려움이 있기 마련이었고요.

"곰이가 밤에 미용실에서 혼자 잠드는 모습을 보면 가슴이 아파요. 그렇다고 아무런 준비 없이 강아지인 곰이랑 고양이인 쿠마가 합사를 시작했다가 문제가 생겨서도 안 될 것 같아요. 세나개 여러분, 도와주실 거죠?"

네, 물론이지요!

곰이의 문제점 요약 🐾

1 사회화 경험이 적어요.

2 매일 밤 미용실에서 혼자서 자고 있어요.

3 고양이 쿠마와 합사를 해야 해요.

바쁜만큼 행복한 곰이!

"안녕하세요. 네가 곰이니? 너 너무 예쁘게 생겼다!"

철부지 곰이를 돕기 위해 설채현 전문가가 미용실 문을 열면서 활짝 웃음꽃을 피웠습니다. 곰이는 새로 온 손님에 놀라지도 않고서 장난감을 입에 문 채 설채현 전문가에게 다가가 꼬리를 흔들었습니다.

"곰이가 너무 귀엽네요. 아직 아기지요?"
"네, 맞아요."
"문제가 없을 것 같은데요?"

정지혜 보호자는 부끄럽다는 듯 웃으면서 곰이의 이런저런 문제행동들에 대해서 설채현 전문가에게 물어보고 또 조언을 들었어요. 그러고는 곰이와의 생활에서 가장 고민하는 것, 곰이가 홀로 미용실에서 잠들어야 한다는 사실과 고양이 쿠마와의 합사 가능성에 대해서 상의하기로 했습니다.

그래서 솔루션을 앞두고 우선 곰이가 밤이 되어서 홀로 미용실에 남았을 때 어떻게 지낼지, 저희 세나개 제작진이 촬영한 영상을 설채현 전문가와 보호자들이 함께 관찰했지요.

화면 안의 곰이는 미용실 문을 나서는 보호자들을 바라보며 낑낑 울고 있었어요. 같이 놀아줄 사람도, 쓰다듬어줄 사람도 없이 혼자서 밤을 지새워만 했지요. 보호자들도 퇴근할 때마다 발걸음이 쉽게 떨어지지 않았고요.

"그래도 처음에는 낑낑대다가 나중에는 잘 자네요. 하지만 평소에는 괜찮더라도 뭔가 꽂히는 날이면 문제행동으로 이어질 수 있겠어요."
"펜스가 있는데도요?"
"네. 저 정도 펜스는 곰이가 마음만 먹으면 바로 부수고 나올 수 있어요."

밤에 혼자 남아 있는 문제가 아직 큰 사고로 연결되지

는 않았지만 안심할 수는 없는 상황. 이제 보호자들은 다음 질문으로 넘어가셨습니다.

"곰이가 이렇게 미용실에 있어도 괜찮을까요? 저희의 욕심으로 곰이를 더 힘들게 하는 것은 아닐까요?"

"저는 다른 일반 가정집의 환경보다 이 미용실의 환경이 좋다고 봐요. 우선 재밌잖아요? 우리 사람들이야 심심하면 TV를 보거나 책을 읽으면 되는데 집에서 지내는 강아지들에겐 그럴 것이 없어요. 하지만 이 미용실은 손님들이 왔다 갔다 다니시고 계속해서 호기심을 가질 재미난 일이 생기죠."

"그러면 곰이가 피곤하지는 않을까요?"

"이런 이유로 피곤한 개는 행복한 개예요."

설 전문가의 어드바이스

강아지가 꼬리를 흔드는 방법

강아지는 사람과 달리 말을 하지 않고 몸짓으로 의사전달을 하지요. 그래서 우리는 강아지가 꼬리를 흔드는 방법만으로도 지금 강아지들이 어떤 이야기를 하고 싶어 하는지를 짐작할 수 있습니다.

1. 꼬리를 엉덩이와 함께 흔들 때 – 무척이나 신났음
2. 꼬리를 적당한 속도로 흔들 때 – 기분이 좋음, 놀아달라는 표현
3. 꼬리를 천천히 흔들 때 – 낯설음의 표현
4. 몸의 오른쪽에 치중해서 꼬리를 흔들 때 – 가족을 만나 반가움
5. 몸의 왼쪽에 치중해서 꼬리를 흔들 때 – 큰 경계심의 표현

미용실의 패셔니스타, 곰이!

　하기야, 화면 안의 곰이는 계속해서 오가는 손님들에게 다가가 재롱도 부리고 관심도 받으면서 즐겁게 지내는 모습이었지요. 더욱이 미용실에 오시는 손님들은 대부분 단골이다 보니 곰이를 좋아하는 분들이 대다수였고요.

　영업장에서 지내는 강아지가 다 행복한 것은 아니지만, 이 미용실에서 이 보호자들과 같이 시간을 보내는 곰이라면 무척 안정적으로 살고 있다고 합격점을 줄 수 있는 상황이었던 것이지요.

　"만약 곰이가 미용실에서 지내지 않게 하신다면, 다른 선택지로는 어떤 걸 고민하시나요?"

"제가 출퇴근을 하면서 같이 다니고 싶어요. 하지만 제가 고양이
랑 살고 있는데… 합사가 가능할까요?"

정지혜 보호자는 조심스레 함께 사는 고양이, 쿠마의 영상을
설채현 전문가에게 보여주었어요. 쿠마는 2살짜리 먼치킨이었는
데, 다리가 짧고 체구가 작아 덩치가 커다랗고 달려들기를 좋아
하는 곰이와의 합사를 염려할 수밖에 없는 상황이었지요.

"곰이뿐 아니라 쿠마도 신경을 써줘야 하네요. 〈고양이를 부탁해〉
시청자들한테 혼날 수 있기 때문에, 고양이가 받을 스트레스를
먼저 생각하는 것이 좋겠네요. 하지만 장기적으로 생각해서 곰
이와 쿠마가 친해질 수 있을지 적응하는 과정을 천천히 밟아나
갈 필요는 있을 것 같아요."

일단 곰이가 미용실에서 적응은 잘 하고 있는 상황. 그렇다면 서둘러서 곰이와 쿠마의 합사를 진행하기보다는 천천히, 단계별로 둘 사이가 가까워질 수 있을지 시험하는 것이 올바른 순서겠지요?

지금은 곰이가 미용실에서 밤을 보내는 모습이 아주 힘들지는 않아 보여요. 하지만 사람과 함께 있지는 않은 상황이기 때문에, 미용실에서 무언가가 떨어지거나 주변에서 소란이 일어났을 때 사고로 이어질 위험이 있었지요.

더욱이 이사를 한다거나 병원에 가거나 할 일이 있을 때, 또 나이를 먹었을 때처럼 곰이와 쿠마가 한 지붕 아래에서 지내야만 하는 경우가 생길 가능성이 크기도 했어요. 그렇다면 무슨 문제가 생겼을 때 부랴부랴 둘 사이가 친해지길 비는 것보다는 예전부터 익숙한 사이인 편이 좋을 것이었어요.

그렇기에 설채현 전문가는 곰이가 당장은 미용실에서 지내도록 권한 뒤 강아지와 고양이가 한 지붕 아래서 살 방법에 대해서는 차근차근 연습하기를 조언했습니다.

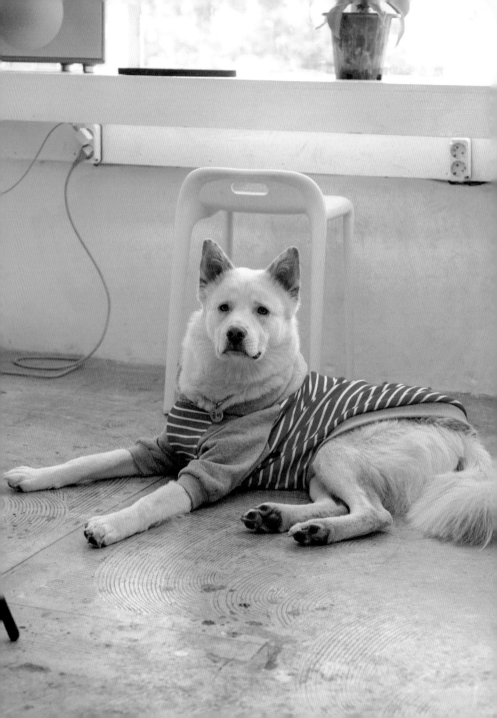

고양이와 함께 사는 법

　강아지와 고양이의 합사를 준비하기에 앞서, 그 집이 어떤지 미리 알아봐야 하겠지요? 설채현 전문가와 정지혜 보호자 그리고 세나개 제작진은 정지혜 보호자와 쿠마의 집으로 가 조사를 해보기로 했습니다.

　"방을 보니… 보호자의 성향을 알겠어요."
　"어떤가요?"
　"이 집은 사람 집이 아니라 고양이 집이네요!"

　설채현 전문가는 웃음과 함께 정지혜 보호자에게 농담을 던졌습니다. 그 농담이 정말 과한 것도 아닌 것이, 정지혜 보호자의 집은 모든 가구와 인테리어가 고양이를 위해 준비되어 있었어요.

창문에는 강아지와 고양이가 그려진 커튼이 달려 있었고요, 해먹에 공 장난감과 낚싯대 장난감 그리고 커다란 캣휠과 터널까지, 정지혜 보호자 댁은 고양이를 위한 놀이터, 아니 테마파크나 다름없는 곳이었습니다.

우선 강아지와 고양이가 합사할 공간을 살펴봤으니 다음으로는 이 고양이 테마파크의 주인공을 찾아갈 차례겠지요? 세나개 제작진은 창가에서 유유자적하게 바깥 풍경을 감시하는 고양이, 쿠마를 만나러 갔습니다.

쿠마는 어찌나 귀엽고 또 얌전한 고양이었는지, 갑작스레 집에 수많은 사람이 찾아왔음에도 자리를 피하지 않고서 정지혜 보호자와 저희를 바라보았습니다.

"쿠마는 겁은 조금 나지만 동공 확장이 덜 된 것을 봐서는 아주 무서워지는 것 같지는 않는 것 같아요."
"간식을 주시면 어떨까요?"

얌전한 고양이, 쿠마. 곰이랑 잘 지낼 수 있겠니?

조금 머뭇거리는 쿠마를 위해 정지혜 보호자는 설채현 전문가에게 고양이용 간식을 건넸어요. 평소와는 정반대 모습이지요? 설채현 전문가는 정지혜 보호자의 조언을 따라 쿠마에게 간식을 주면서 조금씩 친해졌습니다.

"대범한 곰이랑은 성격이 다르네요. 하지만 강아지랑 고양이랑 둘 다 대범하면 싸울 수도 있으니까 잘 맞는 상황일지도 모르겠어요."

이제는 본격적으로 공간을 어떻게 나눌지를 고민할 순서가 되었습니다. 정지혜 보호자 댁 건물의 구조는 크게 거실과 안방 그리고 베란다로 나눌 수 있었어요.

이곳에서 곰이가 지내기 좋은 곳은 어디일까요? 설채현 전문가는 고민한 끝에, 곰이는 출퇴근을 하고 집에서는 잠만 자게 될 테니까 아무래도 거실이 좋겠다고 조언을 했습니다.

"안방과 베란다는 쿠마만의 방으로 해주세요. 그러다 곰이가 집을 나가 미용실로 출근하면 쿠마가 거실로 나올 수도 있겠지요."
"또 준비할 것이 있을까요?"
"네, 제가 준비한 것이 있어요. 그건 바로 캣타워예요."

강아지랑 고양이가 한 공간에서 지내기 위해서는 꼭 필요한 요소가 있어요. 그것은 바로 수직 공간이지요.

강아지는 높이 뛰지 못하지만, 고양이는 높이 뛸 수 있어요. 그래서 둘 사이가 틀어지더라도, 강아지는 올라갈 수 없는 곳으로 고양이가 자리를 피할 수 있다면 서로 부딪히지 않고 지낼 수 있지요. 더욱이 좁은 방이더라도 높은 곳을 잘 다닐 수 있다면, 수직 공간이 주어진다면 고양이는 쾌적하고 넓게 느끼기도 할 것이고요.

그래서 설채현 전문가는 곰이에게 거실을 양보하게 된 쿠마를 위해서 커다란 캣타워를 선물해주었습니다. 그러고는 본인이 손수 나서서 직접 베란다에 쿠마를 위한 캣타워를 설치하기 시작했지요. 세나개에서 캣타워 설치라니!

"캣타워는 창가나 베란다에 놓는 것이 좋아요. 고양이들은 바깥 풍경을 바라보며 사색하는 것을 좋아하거든요."
"감사합니다, 선생님!"
"이 캣타워는 쿠마에게 꼭 필요해요. 곰이가 책상 위 정도는 얼굴을 들이밀 수 있거든요. 그렇기 때문에 쿠마에게는 곰이가 다가올 수 없으면서도 곰이가 어디에서 어디로 움직이는지 관찰할 수 있는 높은 공간이 필요해요. 그래야만 쿠마는 안정감을 느낄 거예요."

쿠마는 캣타워가 마음에 들었는지 바로 그 위로 뛰어올랐습니다. 어때, 설채현 전문가의 선물 고르는 센스가 마음에 들지?

쿠마는 높은 곳을 좋아해요.

　다음으로 설채현 전문가는 패셔니스타 곰이가 입었던 옷을 쿠
마가 누운 캣타워에 올려놓았어요. 쿠마는 이게 무엇일까, 조심
스레 관찰하다가 조심스레 그 옷에 묻은 냄새를 맡았지요. 그러
고는 반대로 곰이의 옷에 자기의 냄새를 묻히기도 했어요.

　설채현 전문가는 쿠마가 곰이의 옷에 흥미를 잃은 듯 보이자
이번에는 곰이에게 그 옷을 다시 가져다주었어요. 곰이는 분명
자기 옷인데 다른 고양이의 냄새가 나는 것이 신기한지 킁킁 냄
새를 맡기 시작했고요.

　"이렇게 곰이의 옷을 쿠마에게 줬다 다시 곰이에게 주는 일을 일주
　일 정도 해주세요. 이러면 둘은 서로의 냄새에 익숙해질 거예요."
　"꼭 옷이어야만 하나요?"
　"아니요. 장난감이나 매트처럼 언제나 가까이하면서 또 냄새가
　밴 물건들이면 다 괜찮아요. 이렇게 냄새에 친숙해지는 과정을
　여러 번 거친 뒤에야만 곰이를 집에 데려와주세요. 또 곰이가 집

에 왔다 갔을 때 쿠마의 반응이 어떻게 달라지는지도 면밀하게
관찰해주시고요.
마지막으로 주의해주실 것이 있어요. 그건 바로 고양이의 화장실
과 강아지의 생활공간은 결코 겹치면 안 된다는 거예요."
"왜인가요?"
"고양이는 불편한 상황에서 화장실에 가지 않고 참아요. 스트레스
를 받으면 방광염이 오고요."

곰이와 쿠마가 얼마나 지나야 친해질지는 아직 미지수지만,
아무리 친해져도 화장실에 갈 때 귀찮게 굴어서 좋아할 사람
은, 아니 고양이는 없겠지요? 하지만 이유는 그뿐만이 아니었
습니다.

"고양이는 강아지랑 달리 육식동물이에요. 그래서 고양이들 사료
에는 단백질 함량이 강아지 사료에 비해 조금 더 높고요. 그렇다
는 이야기는…."

설채현 전문가는 민망하다는 듯 말끝을 잠시 흐리셨다 다시
설명을 이어나가셨습니다.

"고양이의 분변에서 나는 향을 강아지들이 좋아해요. 사람이 맡
으면 독한 냄새인데도요."
"좋아하는데도 문제가 되나요?"
"네, 자기 분변은 먹지 않는 강아지들도 고양이의 분변은 먹는 경

우가 제법 많거든요."

강아지와 고양이 합사에서 누구도 예상하지 못한 문제였지요. 하지만 이는 어디까지나 강아지의 생활공간과 고양이의 화장실이 겹치지만 않으면 해결될 수 있는 문제이니, 주의만 하면 바로 극복할 수 있겠지요?

개와 고양이의
냉정과 열정 사이

그리고 마침내 곰이가 정지혜 보호자 댁 거실에 조심스레 들어왔습니다. 바로 옆 안방에 쿠마가 있었지만, 거실과 안방 사이에는 안전문을 설치해 만약의 상황이 일어나지 않도록 준비를 마쳤습니다.

"아마 이 방에서 쿠마의 냄새가 많이 날 거예요."

과연, 곰이는 정지혜 보호자 댁에서 먼저 살기 시작한 선배, 쿠마의 냄새를 여기저기에서 맡느라 무아지경이었어요. 이곳저곳을 탐색하면서 과연 자기가 살아도 될 집인지 관찰하는 듯했지요.

반면 쿠마는 무념무상의 경지에 이르렀는지, 멀리서 가만히 앉아 저희 세나개 제작진과 곰이 그리고 창밖의 모습을 번갈아 가며 관찰했습니다.

"쿠마의 이런 태도는 긍정적인 신호예요. 긴장은 했지만 스트레스가 극심하지는 않네요."

곰이는 이내 안방 안에 있는 쿠마를 발견했습니다. 그러자 곰이의 꼬리가 짧은 폭으로 흔들렸는데, 이는 곧 곰이가 긴장했다는 신호였지요.

곰이는 안전문 옆으로 들어갈 수는 없는지, 안방에 들어갈 방

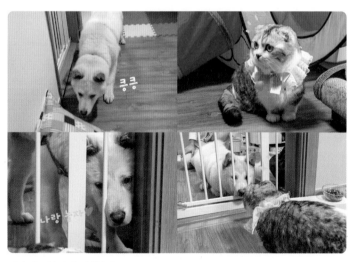

긴장되는 첫 만남. 괜찮을까?

법이 달리 없는지를 계속해서 탐색했어요. 결국 모든 길이 닫혔다는 것을 깨달은 뒤에도 안전문 앞에 자리를 잡은 채 쿠마를 바라봤지요. 곰이는 쿠마를 만나고 싶었던 거예요.

곧 쿠마도 곰이를 바라봤어요. 보호자나 저희 세나개 제작진이 우려했던 것에 비해 훨씬 안정적인 태도였지요. 쿠마는 천천히 안방의 안전문 앞에 찰싹 달라붙은 곰이에게 다가갔어요. 곰이는 몸을 바짝 엎드린 채 꼬리를 흔들면서 쿠마를 바라보았고요.

"하악!"

하지만 첫술에 배부를 수는 없는 법이겠지요. 쿠마는 하악, 하고 곰이를 향해 소리를 낸 뒤 뒤로 돌아갔어요.

"강아지와 고양이의 첫 만남으로는 제법 긍정적이에요. 너무 걱정하지 않으셔도 되겠어요. 단, 오늘 같은 걸 두세 번 더 해보시고 둘 사이가 가까워졌다 확신이 들었을 때 합사를 시작하세요."

아직은 서먹한 우리 둘

합사의 핵심은 둘 다 스트레스를 받지 않는 것이겠지요. 그리고 정지혜 보호자는 무사히 이 목표를 달성하실 수 있을 것 같았어요. 우선 쿠마는 곰이를 보고 겁에 질리지는 않았고, 곰이도 쿠마를 보고 과잉되게 흥분하지 않은 데다 쿠마의 거절을 빨리 받아들이기도 했고요.

서둘러서는 안 되겠지만, 곰이와 쿠마, 좋은 룸메이트가 될 가능성이 확실해 보이지요? 강아지와 고양이의 행복한 한 집 생활, 잘 풀리길 기원하며 세나개 제작진은 집 밖으로 나설 수 있었습니다!

곰이를 위한 솔루션 요약 🐾

1 곰이와 쿠마가 지내는 영역을 분리해주세요.

2 고양이를 위한 수직 공간을 마련해주세요.

3 서로의 냄새가 묻은 물건을 주고 경계심을 풀어주세요.

성공적인 합사 조건
개와 고양이 합사 대작전

1 반려견과 반려묘의 성향을 사전에 파악합니다.

2 공간을 분리하고 고양이에게 수직 공간을 제공합니다.

3 채취가 묻은 물건을 통해 냄새로 먼저 익숙해지도록 합니다.

🐾 곰이, 쿠마 보호자와의 인터뷰!

Q. 곰이라는 이름을 지어준 계기는 무엇인가요?

곰이가 한겨울 옥상에 움크리고 있던 모습이 꼭 북극곰 같았어요.

그리고 제가 집에서 고양이와 함께 지내는데, 저의 고양이 이름이

쿠마이기도 했거든요. 아, 쿠마는 일본어로 곰이라는 뜻이에요.

Q. 곰이가 얄미울 때는 언제인가요?

얄미운 것은 아니고요.

저희 미용실에서는 손님들께 가벼운 차와 과자를 제공하는데,

손님들이 과자 뜯는 소리만 나면 곰이가 자다가도 벌떡 일어나

자기도 과자를 달라고 무작정 손부터 내밉니다. 어쩌죠?

Q. 세나개 상담 후 문제행동은 잘 해결이 되었나요?

곰이가 이제는 팔을 입에 가져다 대도 전혀 깨물지 않아요.

지금은 거의 설 전문가님 정도로 산책 전문가가 다 되었고요!

합사는 저의 생활 환경을 바꾼 뒤로 조금 미룬 상태랍니다.

▶ 다시보기

천방지축 빅베이비
칸을 부탁해

덩치 큰 어리광쟁이, 칸

개는 오직 듣는 법을 아는 사람에게만 말한다.

— 오르한 파묵 🐾

앞으로는 맑은 호수, 뒤로는 아늑한 산이 있는 배산임수의 아름다운 이 도시는 바로 경기도 의왕시. 세나개 제작진은 운치 있는 자연환경 속으로 들어가 제보자를 찾았습니다.

은은한 풍경의 산언덕을 오르는 와중 저 멀리 늠름하게 서 있는 커다란 덩치의 강아지 한 마리가 제작진을 향해 짖는 모습이 보였습니다. 저 친구가 아마 이번의 주인공이겠지요? 강아지가 짖는 소리에 손님이 도착했다는 걸 알았는지, 이내 세나개에 제보를 준 임복희 보호자와 김영옥 보호자 부부가 문밖으로 나와 제작진을 반겨주었습니다.

임복희 보호자는 세나개 제작진에게 강아지를 소개해주겠다면서 강아지의 목줄을 풀어주었습니다. 그러자 강아지는 육중한 체구에도 전속력으로 달려 저희에게 돌진을 했지요. 그러더니 하는 일이라곤, 이리 폴짝, 저리 폴짝! 놀아달라, 놀아달라 오두방정에 폭풍 애교를 부리기 시작했습니다.

만난 지 5분도 되지 않아 평생지기 친구처럼 살갑게 구는 친화력 갑인 이 친구의 이름은 칸. 11개월이 된 저먼 셰퍼드 수컷이었습니다.

저먼 셰퍼드 German Shepherd

난 근육질 몸을 가졌어!

저먼 셰퍼드는 이름 그대로 독일을 대표하는 셰퍼드예요. 19세기 말, 독일에서 목양견으로 태어났지요. 제1차 세계대전 때 독일군의 군용견으로 활약했기도 하고요. 후각과 청각이 예민한 데다 탄탄하게 균형이 잡힌 근육질 몸을 자랑하고 영리해서 교육도 어렵지 않아요. 그 덕분에 목양견과 군견 외에도 경비견, 경찰견, 안내견, 구조견 등으로도 활약하고 있어요.

다만 저먼 셰퍼드는 낯선 사람들을 경계하는 경향이 있어요. 그렇기에 가족의 많은 관심이 필요한 것은 물론이거니와, 이웃과의 교류를 지속해야 주변과 원만하게 지낼 수 있답니다.

칸 ♂, 11개월

견종 저먼 셰퍼드 / **특징** 천방지축, 정신 사나움

"왜 강아지에게 칸이라는 이름을 붙이셨어요?"

"독일 축구선수 중에 골키퍼로 유명한 칸이라는 사람한테서 이름을 따왔습니다. 골키퍼 칸처럼 집을 잘 지켜달라는 의미에서요."

"그런데 집 지키는 건 고사하고 내가 쟤를 지켜요."

과연, 칸은 사람을 워낙 좋아해서 낯선 사람을 봐도 쫓아내기보다는 쫓아가서 같이 놀 것 같은 성격이었지요. 비록 처음 기대했던 것과는 달리 발랄한 성격으로 자랐지만 보호자들이 칸을 바라보는 눈빛은 사랑으로 가득했습니다.

원래 저먼 셰퍼드는 용맹하고 침착하면서 경계심이 강하기로 유명한 종이지요. 덕분에 칸에게는 군견이나 경찰견으로도 맹활약하는 친척들이 많고요. 물론 칸 본인은 이리 뛰고 저리 뛰면서 술래잡기를 하느라 바빠 집 지키기에는 영 어울리지 않았지만요.

"칸은요, 사람으로 치면 버릇이 좋지 않은 것 같아요. 사람을 물기도 하고 위에 올라타려고 해서 다칠 뻔한 경우도 있어요."
"아니, 이렇게 사람을 잘 따르는 데도요?"

정말 그럴까요? 보호자들의 이야기에 놀란 세나개 제작진은 칸의 일상을 촬영하기로 했습니다. 집 안 곳곳에 카메라를 달고 스태프들을 모아서요.

그런데 이게 웬걸, 칸은 분명 사람을 좋아하기는 했지만 그만큼이나 사람한테 장난치기를 좋아했어요. 임복희 보호자가 마당에서 불을 피우려고 하는데 장작을 들고 도망치기를 하지 않나, 등에 뛰어들거나 하지를 않나. 덕분에 보호자들은 잠깐이면 끝

장작도 사람도 다 장난감인줄 아는 칸

보호자의 패딩에 또 구멍을 뽕 뚫어놓은 칸!

날 일을 두 배로 시간이 걸려서 해야만 했지요.

특히나 무는 버릇은 심각해 보였어요. 칸은 패딩에 구멍이 나고 내용물이 빠져나오도록 물거나 장갑을 빼앗아 도망치려다 보호자 손에 상처를 남기기도 했어요. 신발끈도 물고 늘어졌고요.

결국, 칸이 사람들을 물려고 할 때마다 보호자들은 간식을 줘서 간신히 칸이의 시선을 돌리고 상황을 모면할 수 있었지요. 세나개 제작진은 구멍이 난 패딩에 테이프로 수선을 하기도 했고요. 그런데도 칸은 계속해서 사람들에게 장난을 치고 시도 때도 없이 뛰어올랐어요.

"칸은 저희가 전원생활을 시작하면서 데려왔어요. 6개월 전부터 계속 문제가 있었고요."

"이건 칸을 오냐오냐 키운 아빠 잘못이에요."
"그렇죠…."

임복희 보호자는 머쓱하게 웃었지만 그래도 아쉬운 듯 씁쓸한 미소를 지었어요. 분명 칸을 아끼고 또 잘해준다고 하는데도 그게 나쁜 버릇이 된다니, 안타까울 수밖에요.

진수성찬을 먹어요!

임복희 보호자는 곧 아무리 말썽을 부려도 귀엽기만 한 칸의
점심을 준비했어요. 죽을 끓이고 참치를 넣은 다음 달걀까지 풀
었지요. 누가 보면 이게 강아지 밥인지 아니면 사람의 식사인지
구분하지 못할 정도로 정성을 들인 한 끼였어요.

이렇게 먹어도 괜찮을까요?

"칸이 안쓰러워서 해주는 거죠."
"일주일에 몇 번 이렇게 식사를 준비하시나요?"
"한두 번?"
"에이, 무슨. 일주일에 서너 번은 이래요."

임복희 보호자가 죽을 쑤는 옆에서 김영옥 보호자가 임복희 보호자의 칸에 대한 정성이 얼마나 큰지 알려주었어요. 과연 임복희 보호자는 죽이 다 되니 찬물을 받아 그 위에 그릇을 띄워 열기를 식혀주기까지 했어요. 이 얼마나 정성인지요.

곧 임복희 보호자와 김영옥 보호자의 따님 임혜진 씨의 부부와 손주들이 두 분의 집을 찾아왔어요. 두 보호자만큼이나 칸도 또 격하게 따님 가족을 환영하면서 폴짝폴짝 뛰어다녔지요.
칸은 두 보호자의 사위 고영남 씨가 데려온 강아지이기도 했어요. 고영남 씨는 전원생활을 막 시작한 장인과 장모님이 적적

나랑 놀아줄 거죠?

하실까 봐 주변에 수소문해서 칸을 입양해 선물한 것이었지요.

"이래 뵈어도 칸이 혈통은 있는데 반 망나니가 되어서 걱정이에요."

'반 망나니'라는 표현이 과하다 싶지만 보호자의 손주들한테
도 거침없이 달려드는 칸을 보면 염려를 하지 않을 수도 없는 상
황. 더욱이 그날 칸과 잠시 놀아주던 임혜진 씨가 칸한테 물려 큰
일이 날 뻔했지요.

아직 나이가 어린 손주나 다른 가족들의 안전을 생각하면 칸
의 이 천방지축 사고뭉치 성격을 어떻게든 해야만 했어요.

칸의 문제점 요약 🐾

1 사람을 물고 위에 올라타려 해요.

2 잘못된 식단을 자주 먹어요.

3 위험한 장난을 쳐요.

칸은 장난치고 싶을 뿐!

다음 날, 우리의 히어로 설채현 전문가가 칸을 찾아왔습니다. 칸은 이번에도 아니나 다를까 한달음에 달려와서 설채현 전문가에게 놀아달라고 보챘지요.

"칸은 무섭다기보다는 귀엽네요. 이 덩치에 이렇게 귀엽기가 쉽지는 않은데요."

설채현 전문가는 웃으면서 칸의 장난을 받아준 뒤 보호자들에게 인사를 드렸어요. 그 와중에도 칸은 어찌나 저희 세나개 제작진과 설채현 전문가 사이를 뛰어다녔는지, 보고 있는 제작진의 정신이 쏙 빠질 정도였습니다.

더욱이 칸의 장난이 어디 사람을 가리던가요? 그날 칸은 처음

보는 사람인 설채현 전문가에게도 훌쩍 뛰어서 덤벼들었습니다. 물론 설채현 전문가는 능숙하게 칸의 움직임을 막아냈지만요.

"칸은 완전 자유견이네요. 뭘 배운 적이 없는 것 같아요."
"네. 애 아빠가 칸에게 특별히 교육을 시킨 적은 없어요."

보호자들이 멋쩍어하는 사이, 설채현 전문가는 미소와 함께 세나개 제작진에게 칸의 일상을 찍은 영상을 보여달라 요청했습니다.

영상 안의 칸은, 어휴. 정말이지 천방지축이라는 표현이 그렇게 잘 어울릴 수가 없었지요. 물고 뛰어들고 점프하고. 신이 나서 방방 뛰는 칸은 보기 유쾌하면서도 아슬아슬한 모습이었으니까요.

칸은 신났지만 사람은 힘들어요.

"칸이 하는 행동은 다 상대가 반가워서 하는 것들이에요. 단지 대형견이라서 상대방에게 부담이 될 뿐이지요. 분명 칸은 놀자고 하는 일이지만, 이럴 때 보호자들이 막아주시고 제대로 노는 법을 가르쳐주셔야 해요."

"안 된다고 말하는 것으로는 부족한가요?"

"네. 사람은 언어를 쓰지만 칸은 그 언어를 제대로 알아듣지 못해요. 그저 내가 행동한 것에 반응이 왔다, 정도로만 인식할 거예요. 그러니 영상 속의 누구도 그러면 안 된다고 칸한테 제대로 말하지 못한 셈이에요."

다음으로는 칸이 사람들의 옷을 물어 뜯어버리거나 장갑을 문 채 빼앗으려는 장면들이 나왔습니다. 옷에서는 솜이 빠져나오고 사람들은 아파서 몸을 피하려고 하고, 아주 난장판이 따로 없었지요.

"칸은 사람을 장난감으로 보고 있는 것 같아요. 같이 논다기보다는 장난감을 갖고 노는 감각인 거죠."

"저희가 아파할 때도 그러나요?"

"악! 하면서 사람이 몸을 비틀며 도망가면 강아지들에겐 그만큼 재미난 놀이가 없어요. 칸에게는 자기한테 물려 달아나는 사람이 팔이 흔들흔들하고 소리가 나는 장난감처럼 보였을 거예요. 칸 기준으로는 누구를 공격한다 생각할 정도로 세게 문 것도 아니었을 테고요."

아니, 그게 단순한 장난이었다니. 하지만 강아지와 사람의 기준은 다를 수밖에 없겠지요. 특히나 셰퍼드는 씹고 물어뜯는 것을 좋아하는 아이들인데, 칸에게는 이런 욕구를 채워줄 장난감이 없었어요. 본능적으로 입을 쓰는 놀이를 하고 싶은데 충족이 되지 않으니 자연스레 사람들에게 풀게 된 것이었지요.

"칸이 보호자가 싫어서 무는 것은 결코 아니에요. 무는 강도는 지금도 조절하고 있어요. 칸이 계속 저렇게 물 때마다 어떻게 하세요?"
"간식을 줘요. 그러면 사람을 물다가 입을 벌리고 간식을 먹으러 가니까요."
"그렇게 하시면요, 칸은 '어? 내가 사람을 물면 간식을 먹네?'라고 생각을 하게 될 거예요. 그러고는 간식을 더 달라고 다시 사람을 물겠지요."

분명 보호자들은 상황을 부드럽게 해결하려고 칸을 회유하는 방식으로 달래려 했던 것일 텐데. 아이러니하게도 보호자들의 이런 방침은 칸에게 나쁜 습관을 들이고 잘못된 기대를 학습하게 하는 결과로 이어졌던 것이었어요. 그러니 이제 앞으로는 확실하게 거절하는 법을 배워야만 하시겠지요?

넘친 만큼 위험한 식사

다음으로는 보호자가 정성스레 참치와 계란을 넣은 죽을 쑤어서 칸에게 식사로 주는 장면이 나왔어요. 겉으로 보기에는 훈훈하고 아름다운 광경이었지만, 강아지의 생리를 아는 전문가에게는 기겁할 노릇이었어요.

"보호자님, 저러시면 절대로 안 됩니다. 칸이 참치를 얼마나 자주 먹나요?"
"일주일에 절반은 그렇게 먹어요."
"나머지 반은 사료겠지요? 그나마도 잘 먹지 않으려고 할 거예요. 저렇게 맛있는 걸 먹는데 왜 사료를 먹겠어요?"

설채현 전문가는 안타까운 표정으로 설명을 이어나갔어요. 이

렇게 강아지의 식습관과 관련된 문제는 잘못될 경우 무척이나 치명적인 결과로 이어질 수 있기 때문에 더 그래야만 했을 거예요.

"참치 통조림에는 기름이 많잖아요? 강아지들이 기름진 음식을 많이 먹으면 췌장염에 걸리기 쉬워요. 콜레스테롤 수치도 확 오를 테고요. 비타민도 부족해져서 문제가 생길 거예요."

"그렇군요…."

"지금은 칸이 어리니까 큰 증상이 바로 나오지는 않을 거예요. 강아지와의 이별은 멀었을 거야, 라고 생각할 수도 있겠지만 나중에 강아지와 헤어질 때가 되면 이전까지 강아지의 생활습관을 건강하게 유지하지 못하신 점을 뼈저리게 후회하게 될 거예요."

설채현 전문가는 평소와 달리 무서운 내용을 심각한 태도로 전달했습니다. 강아지의 건강관리는 정말로 중요한 문제지요.

더욱이 칸의 보호자들처럼 칸이 행복했으면 하는 마음에 실수를 저지르기도 쉬운 일이었으니, 더욱 엄중한 주의가 필요했던 것입니다.

"강아지들의 식사는 사료를 기본으로 해주세요. 정 사료를 먹지 않으면, 사료를 베이스로 해서 맛있는 메뉴를 조금만 섞어주세요."

참치계란죽을 쑤는 일에 비해서 작은 정성으로도 지킬 수 있는 일이니, 보호자들도 앞으로는 칸의 식습관을 잘 만들어주시겠지요?

올바르게 거절하기

"지금 칸을 보면요, 줄도 묶여 있지 않고 공간의 제약도 없으면서 가족들의 교육도 없어요. 마치 재벌 2세 유치원생 같은 상황인 거죠."

설채현 전문가의 표현은 과연 칸에게 딱 맞아떨어지는 이야기였네요. 맛있는 것은 항상 먹고 사람도 장난감처럼 보고 말이지요.

하지만 칸의 나이는 이제 사람으로 치면 고등학생 정도가 되었지요. 덩치도 커다랗고 호기심도 왕성할 나이인 거예요. 그러니 이제는 칸에게 어떻게 해야 사람들과 잘 지낼 수 있는지 알려줘야만 하는 시기가 되었던 거죠. 무엇보다 칸에게 교육을 하

지 않고 이대로 방치했다간, 보호자들의 옷이 남아나지를 않을
테니까요.

"칸에게는 충동억제교육이 필요해요. 참아야지만 원하는 게 나온
다는 걸 배워야만 하는 거죠."

설채현 전문가는 보호자들을 위해 우선 충동억제교육에 대
한 시범을 보였어요. 그 시범이란 바로 간식을 손에 쥐었으면서
도 칸이 자리에 앉고 얌전히 있을 때까지 간식을 주지 않는 교
육이었어요.

칸은 계속해서 설채현 전문가의 손을 핥기도 하고 앞발로 당
기기도 하면서 간식을 달라고 졸랐어요. 하지만 설채현 전문가
는 요지부동한 자세로 칸이 앉기를 기다렸지요.

칸아, 기다리는 강아지에게 복이 온단다!

처음엔 벌러덩 드러눕기까지 했지만, 똑똑한 칸은 기다리기 시작했답니다!

칸은 우선 앉았을 때 내가 원하는 것을 얻을 수 있다는 교육부터 받아야 했어요. 떼를 쓰고 졸라대고 몸으로 부딪쳐서 간식을 얻어내는 지금과는 완전히 다른 방향으로의 교육이 필요했던 거죠.

교육을 시작했을 때는 설채현 전문가가 계속해서 간식을 주지 않으니, 칸은 아예 드러눕기까지 했어요. 하지만 곧 이 교육을 통과하는 방법을 깨닫고는 앉아서 조용히 기다려 간식 받기를 반복했지요.

"생각보다 잘해요. 거듭 다시 하면서 행동이 빨라졌고요. 그런데 이걸 습관으로 만들어야 해요."

설채현 전문가의 시범이 끝난 이후, 보호자들은 주먹에 간식을 쥔 채 직접 칸과 충동억제교육을 진행했어요. 순식간에 룰을 파악한 칸은 평소와는 달리 바로 자리에 앉아 간식을 기다렸지요. 정말이지 이전까지의 칸에게 친숙한 보호자들에게는 신기한 풍경이었습니다.

처음 겪는 상황에 당황한 칸!

　칸이 조금 지치지 않았을까, 염려한 설채현 전문가는 칸과 짧은 휴식시간을 갖기로 했어요. 하지만 칸은 이리 뛰고, 저리 뛰면서 설채현 전문가에게 덤벼들기를 반복했지요. 옷을 물고 당기려고 하면서요.

　하지만 상대가 누구입니까, 우리의 설채현 전문가이지요? 언제나와 마찬가지로 차분한 태도의 설채현 전문가는 달려오는 칸을 바디 블로킹으로 막아서며 거절의 의사를 분명히 밝혔어요.

　컹, 하고 칸이 짖었지만 설채현 전문가는 호락호락한 상대가 아니었죠. 설채현 전문가는 칸이 계속 덤벼들어도 뒤로 피하지 않고 도리어 앞으로 나가 가로막기를 반복했습니다.

　"칸은 지금 짜증이 났어요. 자기 마음대로 일이 되지 않으니까요. 아마 거절 당하는 게 처음일지도 몰라요. 하지만 이후로는 익숙해져야 해요."

이후 설채현 전문가가 만만한 상대가 아니라는 사실을 깨달은 칸은 다른 보호자들에게 달려들려고 했어요. 그러자 설채현 전문가는 조금 전까지 본인이 모범을 보이셨던 것처럼 칸에게 거절의 신호를 보내라 말씀하셨지요.

"칸을 앞으로 밀어주세요. 손은 감추고 몸으로 밀어내서야 해요. 당기거나 끌려가는 대신 밀어내는 게 중요해요. 그래야 보호자들이 분명하게 의사 표현을 하시는 거니까요."
"왜 손은 감춰야 하나요?"
"밀고 당기면 칸이 재밌어 할 수 있어요."

그렇습니다. 강아지들이 놀자고 장난을 칠 때 손으로 밀거나 뒤로 물러서거나 하는 행동은 강아지들에게는 오히려 장난을 받아주는 것으로 오해를 살 가능성이 커요.

어린 강아지들은 서로 몸싸움을 하면서 놀고는 해요. 좋아하는 사람, 친해지고 싶은 사람에게도 똑같은 장난을 치고요. 그리고 사람들이 강아지에게 분명하게 몸으로 거절의 의사 표현을 하지 않는 한 강아지들은 놀이를 계속하자고 할 거예요.

특히나 칸 같은 대형견은 덩치와 무게 때문에 사람이 밀쳐지기가 쉽지요. 그러니 더욱더 주의해서 바디 블로킹을 해주어야만 해요.

강아지 교육의 기초
충동억제교육

1 간식을 주먹에 숨겨주세요.

2 강아지가 얌전히 앉기 전까지 간식을 주지 마세요.

3 강아지가 얌전히 앉으면 보상으로 간식을 주세요.

4 앉아와 기다려 교육도 함께 해주세요.

(착석)

246

올바른 거절 방법

밀어서 거절하기

1 강아지가 잘못된 행동을 하면 밀어주세요.

2 밀 때는 손을 쓰지 말고 몸으로 밀어주세요.

3 얌전해지면 칭찬과 간식을 주세요.

4 손을 쓰거나 뒤로 물러나면 놀이로 착각할 수 있어요.

놀면서 공부해요!

"다음으로는 '놔'에 대한 교육으로 터그 놀이를 하지요."

터그 놀이는 끈이나 천 혹은 전용 장난감처럼 강아지들이 물고 있는 물건을 보호자가 좌우로 당겨주며 함께하는 놀이예요. 실내에서 즐겁게 할 수 있기 때문에, 강아지들에게 남은 사냥본능을 충족시켜 스트레스를 풀어주고 운동량도 채워주지요. 그뿐만 아니라 물었다 놓는 과정에서 놔, 라는 단어를 학습할 수 있기 때문에 무는 버릇 개선에도 도움이 된답니다.

"처음에는 막 놀아주세요. 그다음에 '놔'라고 신호를 보낸 뒤, 칸이 끈을 놓으면 간식을 주세요."

칸은 설채현 전문가가 지시한 대로 물고 있던 끈을 놓은 뒤,

간식을 날름 받아먹었어요. 하지만 곧장 설채현 전문가에게 뛰어들어서 계속 터그 놀이를 시켜달라고 보챘지요.

이런 행동은 무척이나 잘못된 태도였지요. 그래서 설채현 전문가는 칸이 다시 앉아서 흥분을 가라앉히기 전까지는 터그 놀이용 장난감을 칸에게 주지 않았어요.

설채현 전문가와 칸은 이후 30분이나 넘게 칸과 터그 놀이를 반복했어요. 헉헉, 지칠 만도 한 일이었지요.

"칸이 제가 말한 '놔'라는 지시를 따르면 칸에게는 보상이 두 가지 주어지져요. 하나는 제가 주는 간식이고, 다른 하나는 놀이를 다시 시작하는 거예요."

설 전문가의 어드바이스

터그 놀이용 장난감 만들어주기

강아지의 운동과 교육에 있어 터그 놀이는 장점이 무척 많은 놀이입니다. 우선 강아지가 격하게 움직일 수 있기 때문에 운동효과가 높아요. 그리고 놀자, 물어, 놓아, 그만 등 여러 종류의 실생활에도 유익한 단어들을 이해하고 지시를 따르는 교육도 병행되지요. 무엇보다 입질 버릇이 있는 아이들에게 터그 놀이는 아주 좋은 스트레스 해소제가 될 거예요.

터그 놀이를 할 때에는 강아지가 신이 난 나머지 약간 으르렁거릴 수도 있습니다만, 이 정도 단계에서는 염려하지 않으셔도 좋습니다. 대신 사람의 옷이나 손을 무는 경우에는 즉시 놀이를 멈추고 주의를 주시도록 하세요.

칸은 곧장 터그 놀이에 익숙해졌어요. 설채현 전문가는 헉헉 거리며 지쳤지만 칸은 내내 놀이를 계속하고 싶어 했지요. 평소 에도 이렇게 칸과 자주 놀아주면, 칸은 무언가를 물어야만 하는 본능을 자제할 수 있게 될 거예요. 그러면 보호자들의 패딩을 물 어뜯지도 않겠지요.

"칸이 갖고 놀았던 터그 놀이 장난감은 꼭 칸이 평소에 닿지 못하 는 곳에다 보관해주세요. 장난감은 특별한 보상이 되어야만 해 요. 그래야 칸이 보호자들의 이야기에 더 귀를 기울일 테니까요."

"이제 칸과 편하게 지낼 것 같아요. 개에 대해 확실히 알게 되었어요. 고맙고 감사합니다."

"배운 만큼 실천해서 칸과 잘 지내볼게요."

보호자들은 이번의 교육을 통해 무척이나 많은 깨달음을 얻었는지, 설채현 전문가에게 감사의 인사를 아끼지 않았어요. 말썽꾸러기 칸이 의젓하고 늠름한 칸이 되는 그날까지, 배울 길이 멀지만 보호자들이 열심히 애써주실 거죠?

칸을 위한 솔루션 요약

1 충동조절교육을 해주세요.

2 거절의 신호는 바디 블로킹으로 해주세요.

3 터그 놀이를 해주세요.

교육적 터그 놀이를 하는 방법

터그 놀이 '놔' 교육

1 함께 터그 놀이를 해주세요.

2 장난감을 놓았다면, 장난감을 뒤로 감춰주세요.

3 얌전히 앉으면 간식을 주세요.

4 다시 놀이를 시작해주세요

터그 놀이를 위한 장난감 만들기

막대 터그 놀이

1 긴 막대와 튼튼한 줄, 물어뜯을 장난감, 가위를 준비해주세요.

2 긴 막대 끝에 튼튼한 줄을 적당한 길이로 묶어주세요.

3 줄 끝에 물어뜯을 수 있는 장난감을 연결해주세요.

4 막대 터그 놀이 완성!

❗ 특별한 보상인 장난감에 대해 흥미를 잃지 않도록 안 닿는 곳에 따로 보관하는 것이 중요!

254

🐾 칸 보호자와의 인터뷰!

Q. 칸의 문제행동은 잘 해결이 되었나요?

네. 물고 당기는 건 상담 이후 신기하게 바로 고쳐졌구요.

다만 너무 반갑거나 신이 날 때 종종 달려들고 있어요.

그래서 외출 후 칸을 볼 때 담장 밖에서 가만히 서 있다 들어가고는 해요.

그렇게 시간을 두면 칸이 진정을 해서 괜찮더라구요.

칸은 자기가 아직도 아기 강아지인줄 아는 듯해요.

반갑다고 폴짝 뛰며 앞발을 들거든요.

그래도 이것도 많이 좋아졌어요. 발을 드는 높이가 낮아졌거든요!

Q. 칸이 이웃분들과는 잘 지내나요?

칸이요. 노약자 분들에게는 잘 짖지 않아요.

건장한 남성 분들은 아직 경계를 하는 편이지만요.

칸은 참 영리하고 순하고 애교가 많은, 심성 착한 아이랍니다.

▶ 다시보기

세상에 뚱뚱한 개는 없다!
다이어트 독

🐾

세상에 뚱뚱한 개는 없다

개가 우리 삶의 전부는 아니지만,
우리 삶을 온전하게 만든다.

— 로저 A. 카라스 🐾

　　강아지와 함께 하는 가구의 숫자가 사상 최고로 높아진 지금,
그만큼 늘어난 것이 있습니다. 그것은 바로 강아지들의 살. 뱃
살. 턱살! 이런 시류에 발맞춰 세나개 제작진은 강아지들과 보호
자들의 건강한 삶을 위해 반드시 진행해야만 할 프로젝트를 하
나 준비하게 되었습니다.

　　이 야심 찬 프로젝트의 이름은 바로, '세상에 뚱뚱한 개는 없

다'! 비만견 특집 솔루션! 이를 위해 저희는 전국에서 102마리
나 되는 비만 강아지들의 신청을 받은 뒤 문제 해결이 가장 시급
한 다섯 친구를 선정해 체질 개선 캠프를 개최하게 되었습니다.

'세상에 뚱뚱한 개는 없다'의 면접 심사 당일, EBS의 1층은 '세
상에 뚱뚱한 개는 없다'에 참가하는 출연자 대기실이 되어 강아
지들과 보호자들로 북적북적해졌지요. 한껏 멋을 부리고 온 친
구에 배변 실수를 저지르는 친구, 그리고 놀란 나머지 짖어대는
친구까지 방송국은 아주 신나는 '개판'이 되었고요.

많다! 크다! 귀엽다!

커피 한 잔의
여유를 아는 복길이

첫 합격자는 바로 온 식구가 총출동해서 응원을 한 다섯 살 시추, 복길이! 용인에서 거주 중인 이 가족은 아버님과 어머님과 따님 그리고 따님의 남자친구까지 넷이서 오순도순 저희 세 나개 제작진을 찾아주었어요. 복길이의 몸무게는 9.2킬로그램이나 되었지요.

복길이는 걷는 모습도 대감마님 같고 태평한 성격이 귀엽기는 했지만 그래도 몸무게가 너무 나가서 건강이 좋지 않아 보였어요.

"간식을 많이 주시지요?"
"네. 고구마나 치킨 아니면 삼겹살…."

설채현 전문가는 평소와 달리 보호자들 옆이 아닌 맞은편, 심사위원석에 앉으신 채로 면접을 이어나갔어요. 보호자들은 긴장해 얼어붙은 표정으로 설채현 전문가의 심사를 들었고요.

"그리고 커피도 줘요."
"커피요?"
"네. 딱 한 숟갈."

이 이야기에 설채현 전문가를 비롯해 심사위원석에 앉아 있는 모든 사람이 깜짝 놀라고 말았어요. 강아지한테? 커피라니? 정말로 안 될 말이었으니까요.

🐾 **복길이** ♂, 5살

견종 시추 / **체중** 9.2kg / **평균체중** 4~7kg

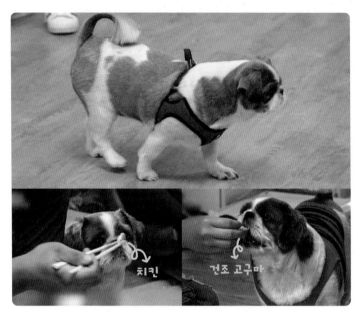

치킨
건조 고구마

복길이는 미식가예요.

"커피는 절대로 안 돼요. 강아지들의 심혈관계 문제에 너무 안 좋아요. 진짜 위험하니까, 절대로 주지 마세요."

몸무게도 그렇고 식습관도 그렇고 걱정만 드는 복길이. 아무래도 다이어트 교육이 시급한 보호자들 같아 심사에는 당연히 합격하게 되었습니다.

더블 사이즈 독,
제트

다음 합격자, 아니 합격견은 바로 세 살 된 비글 강아지 제트였습니다. 제트는 그냥 비글이 아니었어요. 몸무게로 보면 아주 슈퍼 비글이었지요. 제트는 심사장에 보호자만이 아니라 아내가 되는 비글, 보리와도 같이 왔어요. 하지만 사이즈로 보면 마치 아빠와 딸처럼 보일 정도로 둘 사이의 차이가 대단했습니다.

"비만도를 떠나서 제가 본 비글 중에서 제일 큰 것 같아요."

설채현 전문가가 넋을 잃은 사이, 제트의 몸무게를 재보니 26.8킬로그램이라는 경이로운 수치가 나왔습니다.

"제트는 몸무게가 반으로 줄어야 해요."

　26.8킬로그램의 절반이라면 13.4킬로그램! 사람으로 쳐도 결코 적지 않은 살이 제트에게는 포동포동 붙어 있었던 것이죠. 하기야, 바로 옆의 보리와 제트를 비교하면 제트는 정말 보리의 딱 두 배였습니다. 보리가 두 마리 있으면 제트인 셈인 거죠. 이 아이도 당연히 합격이었습니다. 정말로 반드시 살을 빼줘야만 아프지 않을 상태였으니까요.

작은 얼굴에 큰 몸,
슈슈

　세 번째 합격자는 일곱 살 푸들, 슈슈였어요. 이 친구가 처음 보호자의 품에 안겨 심사장에 들어왔을 때 설채현 전문가를 비롯한 심사위원들 그리고 저희 세나개 제작진들은 슈슈의 보호자가 이번 특집을 '세상에 뚱뚱한 개는 없다'가 아니라 다른 특집으로 착각한 것이 아닌가 의심마저 들었어요. 왜냐하면 슈슈의 얼굴은 갸름하고 앙증맞게 보였거든요.

　하지만 세상에나. 보호자가 슈슈를 바닥에 내려놓은 순간, 심사장에 모인 일동들은 슈슈가 다이어트가 시급한 상황임을 바로 이해했습니다. 작은 얼굴과는 비교도 되지 않게 통통한 슈슈의 몸매. 너무나도 비현실적인 비율이라 잘못 합성된 사진을 보는 것처럼 착시효과가 느껴질 정도였습니다.

견종 푸들 / 체중 9.5kg / 평균체중 3~6kg

슈슈 우, 7살

"만화 보는 느낌이에요. 머리는 이만 한데···."
"다리도 가늘어요."

과연 이런 상태로 괜찮을까 했는데 역시 슈슈는 다리 관절이
좋지 않아 보였습니다. 그 탓에 오래 걷지도 못한다고 했고요.

"슈슈는 털빛도 갈색이라 그런지 좀 통나무 같네요."
"산책을 나가면 네가 곰이냐, 양이냐 질문을 많이 들어요."
"임신했느냐는 이야기도 자주 들으시죠?"

별명들이 하나같이 잘 어울리는 슈슈. 하지만 귀엽다고 넘어가

기에는 건강이 무척 좋지 않았어요. 슬개골 탈구 3기에 살이 요도를 막아 감염되기까지, 아주 종합병원세트였지요.

"슈슈가 앓는 질환은 대부분 비만과 연관이 된 질환들이에요."
"네, 그러니 꼭 살 빼는 것 좀 도와주세요. 저는 집에서 슈슈가 뛰어노는 걸 보고 싶어요!"

보호자들의 열의와 슈슈의 아픔을 생각했을 때, 슈슈도 꼭 저희 세나개의 솔루션이 필요한 상황이었으니 이번에도 합격을 드렸습니다.

크고 넓다, 칸과 마루

다음으로는 출연자 대기실에 등장하는 것만으로 참가견들의 흥분을 불러일으켰던 슈퍼울트라 뚱견, 덩치 하나로 모두를 압도했던 칸과 마루가 합격을 했습니다. 칸의 종은 알래스카 말라뮤트였고 마루는 래브라도 리트리버였어요. 두 친구 모두 왕 커다래서 왕 귀여운 강아지들이었지요. 덩치도 덩치거니와 부드러운 표정 덕에 걸어 다니는 곰인형처럼 포근해 보이기도 했어요.

이렇게 복길이, 제트, 슈슈, 칸 그리고 마루까지 이 다섯 마리가 '세상에 뚱뚱한 개는 없다'의 주인공 5인방이 되어 설채현 전문가의 엄격한 지도 아래에서 다이어트를 하게 되었답니다!

🐾칸 ♂, 6살

견종 알래스칸 말라뮤트 / 체중 63kg / 평균체중 30~50kg

🐾마루 ♂, 4살

견종 래브라도 리트리버 / 체중 60kg / 평균체중 23~34kg

우리 아이 식습관 점검!

용인 G 리조트에 모인 다섯 마리의 강아지들과 본격적인 다이어트를 시작하기에 앞서, 심사장에서는 볼 수 없었던 이 친구들의 식생활 습관을 낱낱이 파헤쳐보기로 했습니다. 세나개 제작진이 강아지와 보호자들의 댁에 찾아가 직접 촬영한 영상을 살펴보면서요.

복길이의 식습관은 무척이나 염려가 되었어요. 복길이네 보호자들 모두 복길이에게 이것도 먹여, 저것도 먹여, 아주 간식이 떨어질 새가 없었거든요. 어머님은 집에 돌아오자마자 복길이의 간식은 챙겨주었느냐며 훈제계란의 흰자를 먹였고, 아버님은 복날이라 체력을 보충해야 한다면서 치킨을 사 들고 와서는 껍질을 발라 복길이한테 건네는 장면마저 나왔지요.

"우리 애기가 기운이 없어 보여서요."

"저 나름대로 신경 써서 퍽퍽한 부위만 줬어요. 양념은 묻히지 않
고 기름진 껍질도 벗겨서요. 양념이 되지 않은 음식은 줘도 되
지 않나요?"

이렇게 사람의 음식을 나눠 먹는 모습은 다른 비만견의 집에
서도 마찬가지로 촬영이 되었어요. 특히 제트가 먹는 장면은 전
문가들이 경악할 정도였지요.

제트는 사료 한가득에 계란 노른자를 더해 먹는 것이 주식이
었어요. 보호자들은 영양가 보충을 위해서라며 웃었지만, 그래
도 제트가 먹는 양은 결코 웃을 수 없는 수준이었지요.

게다가 문제는 그뿐만이 아니었습니다. 보호자 가족이 제트
와 보리를 옆에 앉혀놓고 중국집 요리를 시켜 먹는 사이, 제트는
그 옆에 찰싹 달라붙어서 먹을 것을 달라고 졸랐습니다. 보호자
분들은 제트에게 탕수육이나 짜장면 같은 음식 몇 점을 먹여주
기까지 했고요.

"하여간 줄 수 있는 건 다 줘요."

"아이스크림이나 딸기나 꿀 같은 거에 햄버거나 피자?"

"북어도 끓여주고 그래요. 간식비만 한 달에 오십만 원 정도가 나
와요."

불쌍하고 안타까워서 맛있는 것이라도 챙겨주고 싶었다는 보
호자들. 하지만 그 마음 씀씀이에도 불구하고 전문가들이 심각한

오, 노노! 사료만으로도 충분해요!

표정으로 현재 상황에 대해 진단을 내려주었습니다.

"사료는 주식이에요. 이것만 먹어도 영양소를 골고루 섭취할 수
있죠. 그런데 이 사료에다 달걀까지 주시면 단백질이 과다하게
추가가 되겠죠?"
"게다가 치킨을 주셨잖아요. 저는 경악을 했어요. 조리된 음식을
씻어서 주면 조리되기 전으로 돌아가거나 칼로리가 낮아질까요?
양념은 음식에 배거든요. 양파나 마늘처럼 강아지한테 치명적인
재료가 남아있는 거예요. 강아지들은 양파를 먹으면 용혈성 빈
혈로 사망에 이르기도 하는데."
"세상에…."

강아지들이 절대 먹으면 안 되는 음식

기본적으로 사람이 먹는 음식 대부분은 강아지가 먹어서는 안 됩니다만, 그중에서도 특히 더 위험한 음식들이 있어요. 혹여나 강아지들이 이런 음식들을 먹지 않도록 꼭 주의해주세요.

초콜릿

카카오 열매에는 테오브로민이라는 성분이 있어요. 이 성분은 강아지가 먹었을 때 설사와 구토 그리고 탈수증에 비규칙적인 심장 박동과 체온의 상승까지 부릅니다. 최악의 경우 목숨을 잃을 수도 있으니 꼭 주의해주세요.

자일리톨

치아 건강을 위해 각광받은 성분이지만 강아지에게는 좋지 않아요. 인슐린 분비를 촉진해 저혈당과 간부전증을 일으킬 수 있거든요. 자일리톨이 아니어도 인공감미료가 든 제품들은 주의해주세요.

유제품

강아지는 유제품에 들어 있는 락토스를 분해하지 못해요. 그래서 설사와 구토를 유발하기도 합니다.

사료만 먹어도 영양소를 골고루 섭취할 수 있어요!

양파와 마늘

둘 다 매운 음식이지요. 양파와 마늘은 강아지의 적혈구에 손상을 줘요. 이 손상은 곧 빈혈로 이어지고, 심할 경우 강아지들은 수혈을 받아야만 해요.

"제트의 경우에는 진짜 죽을 수도 있었어요. 짜장면에는 양파가 많이 들어가니까요. 지금 보호자들이 제트를 교육하는 게 아니라 제트가 보호자를 교육하고 있어요. 제트가 짖으면 음식을 주시잖아요. 그렇죠?"

"네…."

"제트의 앉는 자세를 보면 고관절이 변형된 것 같아요. 살이 쪄서 관절에 과부하가 걸리고 자세가 이상해지면서 악순환이 이어지는 거죠. 그러다 보면 2차 질병이 생길 위험이 크고 아이들이 항상 아픈 걸 참아야 하니까 스트레스를 받아요. 이 스트레스는 공격성으로 이어지고요."

저희 세나개 제작진은 이 이야기를 들으면서 비만견 심사대회 날이 떠올랐어요. 그때 제트는 다른 강아지들에게 큰 소리로 짖으면서 공격적인 모습을 보였거든요. 이 또한 비만의 영향이었을 수 있다니, 안타까울 뿐이었지요.

몸이 너무 크면 바르게 앉기 어려워요.

보호자들이 깜짝 놀라서 전문가들의 설명을 경청하는 와중에도 전문가들의 표정은 여전히 딱딱하게 굳어 있었습니다. 정말로 돌이킬 수 없는 상황으로 문제가 커질 위험이 있었기 때문이었어요.

"계속 이러시면 복길이는 여덟 살 정도 되었을 때 뒷다리를 쓰지 못하게 될 가능성도 있어요. 비만과 내장질환으로 건강이 나빠지다 뒷다리의 인대가 끊어지거나 관절염을 앓는 친구들이 있거든요. 이런 아이들은 배변을 앉아서 해요."

"세상에⋯."

"그러면 강아지 엉덩이에 대변이 묻겠죠? 가족들은 집에 올 때마다 강아지를 목욕시켜야만 하는 거예요. 그게 일상이에요. 이러면 이건 예뻐하는 게 아니라 학대가 되는 거죠. 수의사들은 이런 상황을 진짜 많이 봅니다."

설채현 전문가는 가슴 아픈 사연을 예시로 들면서 복길이에 대한 진단을 마쳤습니다. 비만은 다양한 종류의 합병증으로 연결될 위험이 크다는 점에서도 위험한 질병이었던 것이지요. 보호자들은 깊게 반성하고는 복길이가 진정으로 행복할 수 있도록 식습관을 개선하기로 다짐하셨습니다.

곧 다른 강아지들의 진단도 마무리가 되었습니다. 슈슈는 복길이와 제트처럼 사람 음식, 그중에서도 기름진 음식을 많이 먹어서 췌장염에 걸릴 위험이 있다는 경고를 받았고요. 칸은 혈액

검사를 해보니 갑상선 호르몬에 이상이 있어 약물 처방과 운동을 동시에 진행하기로 결정이 되었습니다. 마루는 식사량과 강아지에게 적합하지 않은 운동방식을 지적받았고요.

"오늘 이곳에 모인 강아지들의 표정이 다들 슬퍼 보여요. 모두와 있을 때나 혼자 있을 때나 다 그래요. 힘없이 축 처진 채 자꾸만 눈이 감기고 있죠. 이건 아마 비만으로 건강이 좋지 못한 탓일 거예요."

강아지들의 비만은 간 장애, 관절과 심장 질환에 당뇨 그리고 신장 기능 장애로 연결되기 십상이지요. 오래도록 함께 행복하게 살아야만 할 강아지의 수명이 단축되는 위험한 합병증으로 이어지기도 하니, 강아지와 함께 사는 분들은 꼭 강아지의 올바른 식습관을 만들어나가도록 노력해야만 하겠지요?

 설 전문가의 어드바이스

강아지들의 식단 조절

다이어트가 필요한 강아지들을 위한 식단 조절에는 어떤 기준이 있을까요? 우선 다이어트를 위한 처방식 사료가 존재합니다. 이 처방식 사료는 지방과 단백질의 함량 차이나 영양성분의 구성이 일반 사료와 다르게 구성되어 있어요.

하지만 아무리 좋은 처방식 사료를 준다고 해도 양 조절을 하지 못하면 큰 효용이 없겠지요. 그러니 강아지의 나이와 체구 그리고 질병 등을 감안해서 사료를 정하고 양을 조절해주셔야만 한답니다.

즐겁게 신나게 운동하기!

진단을 마쳤으니 다음으로는 본격적인 피트니스에 들어갈 차례겠지요? 이곳에 모인 다섯 마리 강아지들은 산책만으로는 체질 개선이 되기 어려운 상황. 제작진은 강아지들이 평소보다 좀 더 칼로리를 소모할 수 있는 운동들을 준비했습니다.

우선은 밸런스 기구 운동으로 균형 감각과 잘 쓰지 않는 근육을 키워주었지요. 밸런스 기구를 무서워하는 아이들은 간식을 기구에 올려놓는 식으로 겁을 내지 않게 도왔고요. 호르몬에 문제가 있고 털도 많은 칸이는 기구 운동을 힘들어 해 베개처럼 쓰려고 했고 마루는 아예 보호자 위에 누우려고 했지만 보호자들의 독려 끝에 모두 이 코스를 간신히 완주하는 데 성공했습니다.

운동, 운동을 하자!

 설 전문가의 어드바이스

운동

강아지나 사람이나 체중조절을 위한 운동을 할 때 염두에 둬
야 하는 지점은 동일하답니다. 처음부터 너무 무리하지 않
고 점차적으로 강도를 올려야 하지만, 매일마다 꾸준히 해
줘야만 한다는 것. 만약 시작하자마자 강도 높은 운동을 하
면 관절이나 근육에 이상이 와서, 건강하려고 시작한 운
동 때문에 병이 나는 경우도 있으니 이 점은 꼭 주
의해주세요.

다들 뛰는 건 못해도 개헤엄은 명수예요.

　다음으로 세나개 제작진이 준비한 운동은 바로 수영이었어요. 수영은 에너지 소모는 많으면서 관절에 큰 무리가 가지 않는다는 점에서 비만견들에게 최적의 운동법이었지요. 우선 다섯 마리의 강아지들은 모두 물에 들어가기 전 주변을 빙글빙글 도는 것으로 긴장을 풀고 몸을 데웠습니다.

　강아지들이 수영할 때 바른 자세는 등 라인이 곧게 펼쳐지고 뒷다리가 움직이는 모양이에요. 그리고 꼬리는 균형을 잡는 역할을 하니까, 강아지가 헤엄치는 걸 보호자가 도울 때 꼬리는 잡으면 안 됩니다.

제4차 산업혁명시대의 다이어트

　마지막으로 전문가들은 강아지들을 위한 처방식 사료 식단과 식사 방법을 마련해주었습니다. 처방식 사료는 지방은 낮추고 식이섬유와 단백질의 함량을 늘린 사료예요. 지방이 많이 붙은 강아지들에게는 큰 도움이 될 메뉴니, 다이어트를 준비하는 강아지들에게는 필수였겠지요.

　그리고 전문가들이 준비한 특별한 비밀무기도 있었습니다. 그것은 바로 간식 급여 로봇! 로봇 청소기처럼 바닥을 굴러다니면서 간식을 곳곳에 뿌리는 이 로봇은 움직이기 싫어하는 강아지도 간식을 먹기 위해 로봇을 쫓아다녀야만 하도록 설계된 물건이었어요. 운동을 싫어하고 밥 먹기만 좋아하는 강아지라도, 이렇게 간식 급여 로봇이 있다면 강제로라도 운동을 하게 되겠지요?

다들 식이조절, 잘 하고 있지요?

"제일 중요한 것은 지속성이에요. 보호자들이 부디 낙심하지 마
시고, 오늘이 끝이 아니라 지금이 시작이라는 마음으로 강아지
와 다이어트를 열심히 진행하시기를 빕니다."

건강한 몸에 건강한 정신이 깃들겠죠? 세상에 나쁜 개가 없
는 것처럼 세상에 뚱뚱한 개가 없어질 그날까지, 모든 보호자들,
파이팅입니다!

복길이의
다이어트 후기!

　1년 반 뒤! 세나개 제작진은 복길이를 다시 찾아갔습니다. 온 가족이 미소로 저희를 반겨주셨지요. 복길이도 문밖까지 뛰쳐나올 정도로 신이 났고요. 하지만, 아뿔싸… 복길이의 체형은 방송이 진행될 때와 큰 차이가 없어 보였습니다.

　"많이 달라졌어요."
　"정말이에요. 산책도 많이 갔는 걸요."
　"사람 음식도 절대 안 줘요."

　그랬는데도 체형에 변화가 없다니! 제작진은 관찰 영상을 통해 복길이가 정말 사람들 음식을 먹지 않았는지를 확인했어요. 그리고 가족들은 치킨을 먹을 때조차 단호하게 복길이를 뒤로 물렸답니다.

이상하다 싶어 체중계로 확인을 해봤지만 몸무게는 그대로가 맞았어요. 도대체 뭐가 문제였을까요? 설채현 전문가의 진단은 이러했답니다.

"복길이는 살이 더 찌지 않고 현상 유지가 되었으니 일단은 다행 이라고 할 수 있어요. 기록을 보아하니 보호자님들이 복길이에 게 일반 사료와 다이어트 사료를 합쳐서 종이컵 한 컵 정도를 주 셨더군요."

"그 정도면 적당한 양 아닌가요?"

"아니에요. 조금 많았어요. 하루 필요 칼로리를 계산하고, 복길이 의 체형과 식이조절이 필요한 상황임을 감안하면 지금보다 적은 양을 주셨어야 해요."

보호자들이 예전보다 복길이의 식이습관 관리를 잘해주신 것 은 맞았지만, 그건 어디까지나 현상 유지가 되는 정도였던 것이 지요.

이런 실수를 줄일 수 있도록 강아지들의 사료에는 권고량이 표로 적혀 있으니, 보호자들은 꼭 강아지의 체중에 맞게 사료의 양을 조절해주셔야 해요.

"강아지들이 먹는 음식은 대부분 보호자가 주는 음식이에요. 그 러니까 강아지들이 비만할 때 일차적인 책임은 보호자에게 있는 셈이에요. 부디 유의해주세요!"

가족들로부터 많은 사랑과 많은 음식을 받아왔지만, 이제는 많은 사랑만 받고 음식은 조절을 하게 된 복길이. 보호자들이 사료량을 계산하는 방법을 익혔으니, 앞으로는 현상 유지를 넘어 훨씬 더 건강한 모습으로 바뀔 수 있겠죠?

 설 전문가의 어드바이스

다이어트를 위한 하루 필요 열량과 급여법

비만이 만병의 근원이라는 것은 강아지에게도 마찬가지! 사랑하는 반려견과 오랫동안 함께 하기 위해서는 적절한 체중 조절이 필수입니다. 우선 하루에 섭취할 양을 정해놓고 정해진 시간에 정해진 양을 급여하는 것(제한급식)이 좋습니다. 자율배식을 하면 언제든 먹을 수 있다고 인식하기 때문입니다. 규칙적으로 정해진 시간에 사료를 급여해주시고, 일정 시간이 지나도 먹지 않거나 남긴다면 남은 사료는 치워주세요.

* 섭취량 계산법: 하루 최소 필요 열량(kcal) = 30 × 반려견 체중(kg) + 70

사료의 앞면이나 뒷면의 칼로리를 확인하여 측정한 후 열량에 맞게 급여하는 것이 좋습니다. 예를 들어 10kg의 강아지일 경우 30 × 10 + 70 = 370kcal의 열량을 급여해야 하므로 100g당 300kcal인 사료라면 370(하루 급여할 총열량) ÷ 3(1g 당 사료 열량) = 약 123g 을 나누어 급여합니다.

다이어트 중이라고 해서 간식을 주지 않을 수는 없겠죠? 간식은 앉아, 기다려 등의 칭찬받을 행동을 했을 때 보상의 개념으로 주는 것이 좋습니다. 하루 요구 열량에서 10% 이내로 급여하는 것이 권장됩니다. 큰 간식을 한꺼번에 주는 것보다 조그맣게 잘라 교육을 하면서 주는 것을 추천합니다. 간혹 사료를 먹지 않아 간식을 사료처럼 급여하시는 경우도 있습니다. 간식을 사료처럼 급여하시면 사료와 비교했을 때 강아지에게 필요한 영양소가 골고루 분포되어 있지 않거나, 칼로리가 높은 경우가 많아 영양 불균형이 생길 수 있습니다.

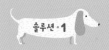

다이어트 홈 트레이닝
위빙

1 보호자가 강아지의 옆을 걸어주세요.

2 강아지가 걷고 있는 보호자의 다리 사이를 지나가도록 해주세요.

3 계속해서 다리 사이를 지그재그로 걷게 해주세요.

4 성공하면 간식으로 보상을 주세요.

솔루션·2

다이어트 홈 트레이닝

다운 투 스탠드

1 강아지가 등을 올바르게 편 상황에서 정면을 보도록 해주세요.

2 엎드리도록 한 뒤 강아지의 얼굴 위치로 간식을 보여주세요.

3 간식을 위로 올려 바른 자세로 일어나도록 해주세요.

4 성공하면 간식을 주세요.

5 스탠드, 다운을 반복해주세요.

❗ 5번씩 × 3세트 = 하루 15회(세트당 휴식 시간 15초)
 * 반려견 컨디션에 따라 유동적일 수 있어요.

6 익숙해지면 핏본 위에서 운동을 진행해보세요.

❗ 기구 위에 네 발이 균형있게 올라가도록 하는 것이 중요!
 핏본 대신 베개, 배변 패드 등 넓적하고 푹신한 물품도 OK

294

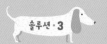

다이어트 홈 트레이닝

8자 돌기

1 두 개의 콘을 적당한 거리를 두고 놓아주세요.

2 강아지가 콘 사이를 지그재그로 오가도록 해 주세요.

3 옆구리 근육과 네 다리를 쓰기에 스트레칭이 됩니다.

4 콘에 봉을 끼워놓으면 다리 근육을 올려 운동 강도가 높아져요.

❗ 10번씩 × 3세트 = 하루 30회(세트당 휴식 시간 15초)
* 반려견 컨디션에 따라 유동적일 수 있어요.

🐾 보호자와의 인터뷰!

Q. 복길이네 집 후기

복길이는 수영은 포기했어요. 이 아이가 물 자체를 싫어하더라고요.

그래도 자기 이름만 나오면 안 듣는 척, 곁눈질로 다 듣는 티도 내고

엉덩이도 귀엽고 너무 사랑스러워요.

Q. 칸네 집 후기

식사 시간을 길게 유지하려고 칸한테 사료 밥그릇이

아닌 조그마한 접시에 한 수저씩 밥을 떠주고 있어요.

이렇게 하면 저희 식사 시간에 같이 할 수 있고,

간식을 안 줄 수 있게 되거든요. 그리고 칸은 먹는 즐거움 외에도

새로운 곳을 산책하는 걸 더 좋아하는 것 같아요.

Q. 슈슈네 집 후기

사람이 먹는 건 처음부터 강아지한테 주지 않아야 하는 것 같아요.

한번 맛을 들이니 계속 달라고 하고, 이걸 모르는 척 하는 게 정말 힘들어요.

대신 슈슈는 사료를 렌지에 돌려서 주니 잘 먹게 되었어요.

▶ 다시보기

에너지 넘쳐서 집 안을 난장으로 만들고, 서로 다투다가 다치기도 하고, 소심해서 겁도 많고, 천방지축으로 나대고, 불안해하고, 시기 질투하고, 식탐이 심하고, 물건에 집착하고….

우리 주변 가정에서 흔히 볼 수 있는 모습입니다.

암, 심장병, 당뇨, 치매, 비만, 우울증, 알러지, 습진, 탈구, 트라우마…. 우리가 알고 있는 대표적인 질환의 종류입니다.

얼핏 보면 사람들의 문제 같습니다. 네, 그렇습니다. 똑같습니다.

우리 사람들이 일으키는 문제행동이고 질병이기도 하지만 우리 곁에 머물며 동무가 되어주는 반려견들의 문제행동이고 질병이기도 합니다.

반려견들이 시도 때도 없이 짖어대고, 물어뜯고, 싸우고, 아무데나 똥오줌 싸고, 난장을 만들고, 목욕도 안 하려고 하는 등의 말썽부리는 모습은 마치 우리 주변의 어린 아기들이 보이는 모습하고 너무나 흡사합니다.

그런데 의사소통이 제대로 안 돼서 사람들은 반려견들의 문제행동에 대해 혼내고 야단치고 심지어 '저 아파요'라고 하는 반려견들의 의사 표현도 알아채지 못하는 경우가 많습니다.

하지만 오늘도 반려견들은 변함없이, 이해관계를 따지지도 않고, 충직하게 보호자를 잘 따르고 있습니다.

'애완'에서 '반려'로 성숙해진 문화만큼 반려견에게서 잘못을 발견하려고 하기 전에 보호자인 우리가 잘못하고 있는 건 없는지 먼저 적극적인 소통을 위한 노력이 필요하다고 생각합니다.

〈세상에 나쁜 개는 없다〉 프로그램을 오랫동안 시청하신 분들은 반려견들의 문제행동에 대한 보호자분의 이해와 반복된 교육, 칭찬과 보상 등의 과정을 거쳐서 반려견들이 확연히 변하는 모습을 보실 수 있었을 겁니다.

정해진 시간 내에 핵심을 전달해야 하는 편집의 과정 때문에 간단하게 보이지만 보호자분의 부단한 연습이 동반돼야만 가능합니다.

또한 프로그램 내에서 설채현 전문가가 수의사로서 의료적인 진단과 처방도 함께 제시하고 있듯이 반려견들의 질병에 대해서도 보호자분들의 세심한 관심과 꾸준한 노력이 필요합니다.

가끔 출연한 보호자분이 많은 노력을 해왔음에도 불구하고 잘못된 정보 때문에 부작용과 역효과를 가져오는 경우도 심심치 않게 볼 수 있었습니다.

반려견을 키우는 사람이 늘어나면서 그에 비례해 반려문화에 대한 정보가 홍수를 이루며 생겨난 불가피한 문제라고 볼 수 있습니다.

넘쳐나는 정보의 홍수 속에서 이 책이 보호자분들에게 어둠 속 등대처럼 올바른 이해와 참된 노력을 위한 훌륭한 나침반이 될 것이라고 생각합니다. 〈세상에 나쁜 개는 없다〉도 항상 여러분 곁에서 충실한 가이드가 되도록 노력하겠습니다.

— 김병수, 〈세상에 나쁜 개는 없다〉 책임 프로듀서

세상에 나쁜 개는 없다 2

초판 1쇄 발행   2022년 1월 10일

기획   EBS ● 미디어
지은이   EBS 〈세상에 나쁜 개는 없다〉 제작진
감수   설채현
펴낸이   박은주
편집장   최재천
구성   홍지운
편집   설재인
사진   어거스틴 박
디자인   김선예, 서예린, 오유진
마케팅   박동준, 김아린

발행처   (주)아작
등록   2015년 9월 9일(제2021-000132호)
주소   04050 서울특별시 마포구 양화로 156
              LG팰리스빌딩 1428호
전화   02.324.3945-6   **팩스**   02.324.3947
이메일   decomma@gmail.com
홈페이지   www.arzak.co.kr

ISBN   979-11-6668-653-5 14490
              979-11-6668-652-8 14490 (세트)